普通高等院校"新工科"创新教育精品课程系列教材

教育部高等学校机械类专业教学指导委员会推荐教材

U0641861

机械制图习题集
（第二版）

主　编　丁　乔　孙轶红

副主编　刘冬梅　仵亚红　王晓华

参　编　王少钦　韩丽艳　张孟玫

华中科技大学出版社

中国·武汉

内 容 简 介

本习题集是根据有关机械制图的最新国家标准,在充分总结各院校机械制图课程教学改革成果和经验的基础上编写而成的,主要内容包括:平面基本体的三视图和轴测图,点、直线、平面的投影,曲面基本体的三视图和轴测图,切割体和相贯体的三视图,制图的基本知识,组合体的三视图和轴测图,机件的表达方法,标准件和常用件,零件图,装配图。全书以拓展学生图形思维能力为目标,以培养学生读图和绘图能力为主,力求简练实用。本习题集与丁乔主编的《机械制图》教材配套使用,内容编排顺序与教材相同。

本习题集可作为高等学校机械类、近机械类各专业制图课程的教材,也可供其他专业师生和工程技术人员参考。

图书在版编目(CIP)数据

机械制图习题集 / 丁乔,孙轶红主编. -- 2 版. -- 武汉 :华中科技大学出版社,2025.8. --(普通高等院校"新工科"创新教育精品课程系列教材). -- ISBN 978-7-5772-2064-2

Ⅰ. TH126-44

中国国家版本馆 CIP 数据核字第 2025L83C10 号

机械制图习题集(第二版)   丁　乔　孙轶红　主编
Jixie Zhitu Xitiji (Di-er Ban)

策划编辑:张少奇
责任编辑:张少奇
封面设计:廖亚萍
责任监印:朱　玢
出版发行:华中科技大学出版社(中国·武汉)　　电话:(027)81321913
　　　　　武汉市东湖新技术开发区华工科技园　　邮编:430223
录　　排:武汉三月禾文化传播有限公司
印　　刷:武汉市洪林印务有限公司
开　　本:787mm×1092mm　1/16
印　　张:9.5
字　　数:265 千字
版　　次:2025 年 8 月第 2 版第 1 次印刷
定　　价:32.80 元

华中出版

普通高等院校"新工科"创新教育精品课程系列教材
教育部高等学校机械类专业教学指导委员会推荐教材

编审委员会

二维码资源使用说明

　　本书配套数字资源以二维码的形式在书中呈现,读者用智能手机在微信端扫码成功后提示微信登录,授权后进入注册页面,填写注册信息。按照提示输入手机号,获取验证码,在提示位置输入验证码,并按要求设置密码,点击"立即注册",注册成功(若手机已经注册,则在"注册"页面底部选择"已有账号? 马上登录",进入"用户登录"页面,然后输入手机号和密码,提示登录成功)。刮开教材封底的学习码防伪涂层,输入 13 位学习码(正版图书拥有的一次性使用学习码),输入正确后提示绑定成功,即可查看二维码数字资源。第一次用手机登录查看资源成功,以后便可直接在微信端扫码重复查看本书所有的数字资源。

出版说明

为深化工程教育改革，推进"新工科"建设与发展，教育部于 2017 年发布了《教育部高等教育司关于开展新工科研究与实践的通知》，其中指出"新工科"要体现五个"新"，即工程教育的新理念、学科专业的新结构、人才培养的新模式、教育教学的新质量、分类发展的新体系。教育部高等学校机械类专业教学指导委员会也发出了将"新"落实在教材和教学方法上的呼吁。

我社积极响应号召，组织策划了本套"普通高等院校'新工科'创新教育精品课程系列教材"，本套教材均由全国各高校处于"新工科"教育一线的专家和老师编写，是全国各高校探索"新工科"建设的最新成果，反映了国内"新工科"教育改革的前沿动向。同时，本套教材也是"教育部高等学校机械类专业教学指导委员会推荐教材"。我社成立了以李培根院士、段宝岩院士、杨华勇院士、赵继教授、顾佩华教授为顾问，奚立峰教授、刘宏教授、吴波教授、陈雪峰教授为主任的"'新工科'视域下的课程与教材建设小组"，为本套教材构建了阵容强大的编审委员会。编审委员会对教材进行审核认定，使得本套教材从形式到内容上保持高质量。

本套教材包含了机械类专业传统课程的新编教材，以及培养学生大工程观和创新思维的新课程教材等，并且紧贴专业教学改革的新要求，着眼于专业和课程的边界再设计、课程重构及多学科的交叉融合，同时配套了精品数字化教学资源，综合利用各种资源灵活地为教学服务，打造工程教育的新模式。希望借由本套教材，能将"新工科"的"新"落地在教材和教学方法上，为培养适应和引领未来工程需求的人才提供助力。

感谢积极参与本套教材编写的老师们，感谢关心、支持和帮助本套教材编写与出版的单位和同志们，也欢迎更多对"新工科"建设有热情、有想法的专家和老师加入本套教材的编写中来。

华中科技大学出版社
2018 年 7 月

第二版前言

　　本习题集是国家级一流本科课程"机械制图"的配套用书,是2023年北京高等学校优质本科教材《机械制图》(重点项目)和2024年北京高等学校优质本科课件的配套习题集。根据新时代教材建设的新要求和教育部高等学校工程图学课程教学指导分委员会于2019年制定的《高等学校工科基础课程教学基本要求》,第二版在保持第一版的风格与特点及基本框架基础上,吸取了广大使用者的意见和建议,结合新的国家制图标准修订而成。

　　本习题集立足于应用型人才培养,具有以下特点:

　　(1)内容上保留了相对完整的正投影理论,注重培养和提高学生的空间想象力、分析能力和简单的构型能力;

　　(2)修订了原有题目,优化习题的内容和形式,遵循从易到难、既注重基础知识巩固又促进思维提升的原则,删去两立体偏交等部分习题,丰富了换面法、组合体绘制和读图题目,强化了机件表达方法和零件图绘图、读图训练,以期循序渐进培养学生的图形表达应用能力;

　　(3)题目形式多样,有判断题、改错题、综合练习题(含一题多解等),有利于激发学生学习兴趣,更好地拓展图学思维能力;

　　(4)为便于教学及满足学生复习、自测、提高的需要,全部习题配有参考答案(仅提供给教师),第4、6、7、8、9章的部分习题配有立体造型图,以二维码的形式扫码呈现,以便学生自主学习。

　　(5)对习题集中图、文、表等进行了全面的校对和改进,使其更严谨、准确。

　　参加本次教材修订工作的有:北京石油化工学院丁乔(第2、5章)、孙轶红(第4、10章)、张孟玫(第6章)、仵亚红(第7章)、韩丽艳(第9章),北京印刷学院王晓华(第8章),东北农业大学刘冬梅(第1章),北京建筑大学王少钦(第3章)。

　　由于编者水平有限,书中缺点和疏漏在所难免,敬请读者批评指正。

编　者

2025年7月

目　　录

第1章　平面基本体的三视图和轴测图

1-1 根据平面立体的两个视图，求作其第三个视图。

(1)

(2)

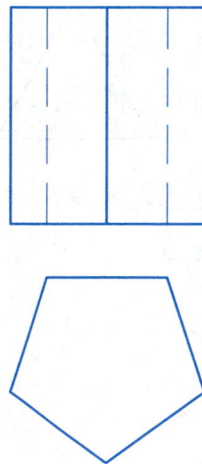

(3)

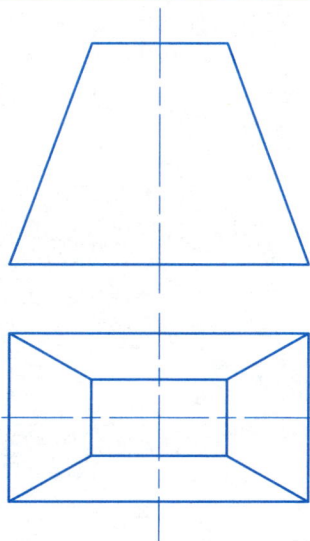

(4)

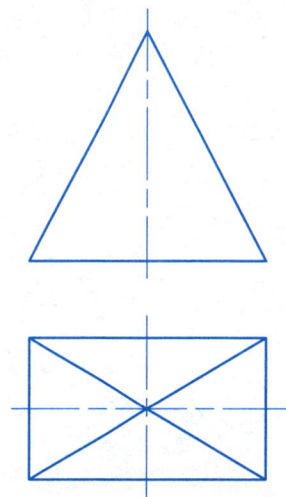

　　班级　　　　学号　　　　姓名

1-2 根据平面立体的两个视图，求作其正等轴测图。

(1)

(2)
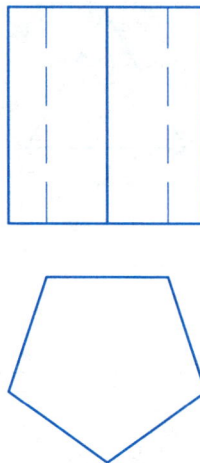

(3)
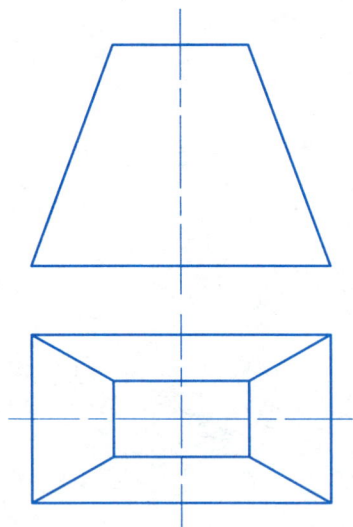

(4)
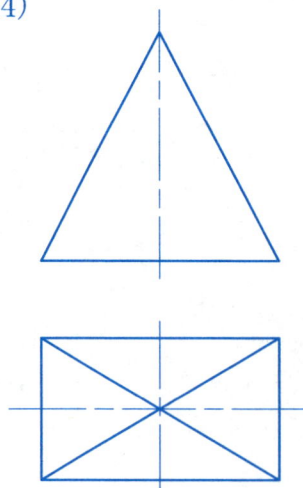

班级   学号   姓名

第2章　点、直线、平面的投影

2-1 画各点的三面投影图（尺寸按1:1从立体图中量取）。	2-2 已知点的坐标 A（5, 10, 15）、B（10, 15, 0）、C（15, 0, 10），作出其投影图和直观图。

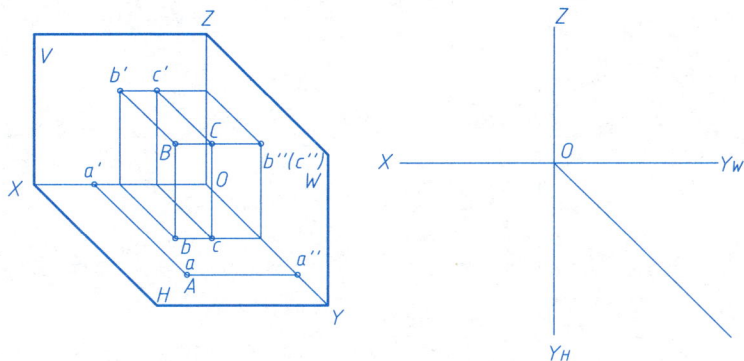

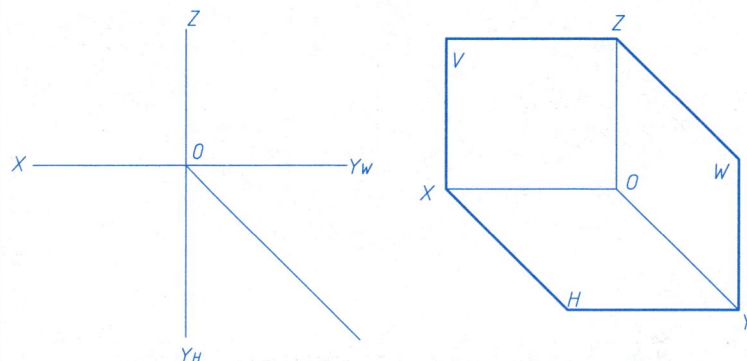

2-3 按照立体图作出各点的三面投影，并标明可见性。	2-4 指出图中 A、B、C 三点的相对位置，并量出 C 点的坐标。

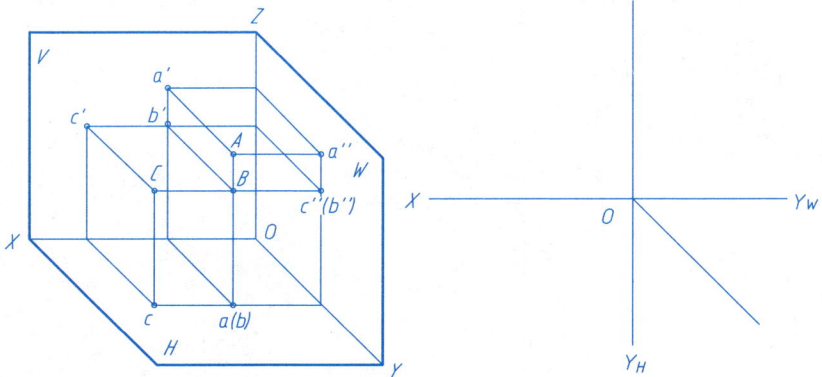

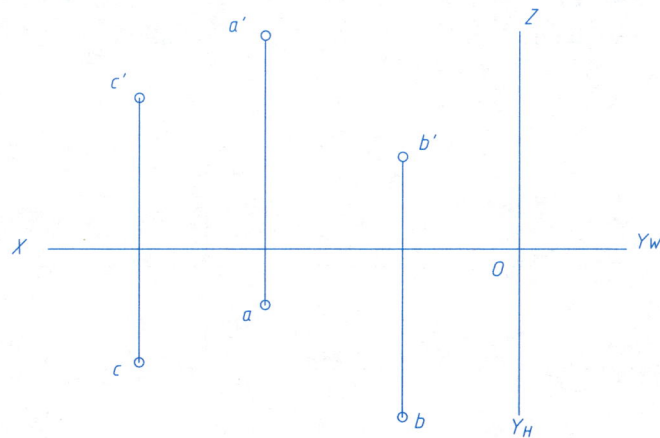

_____点在最上，_____点在最下；_____点在最前，_____点在最后；
_____点在最左，_____点在最右；C（_____, _____, _____）。

　　　　班级　　　　学号　　　　姓名

2-5 已知点 A、B、C、D 的两面投影图，求第三面投影。

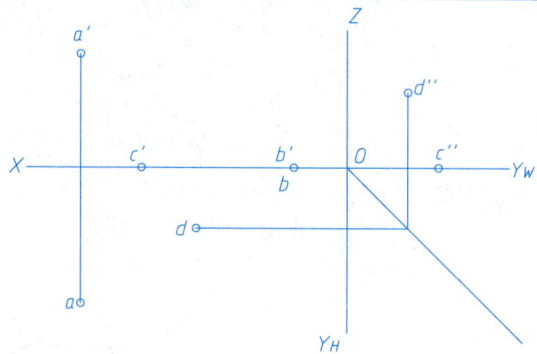

点	距 H 面	距 V 面	距 W 面	点	距 H 面	距 V 面	距 W 面
A				C			
B				D			

2-6 已知点 A 的三面投影，点 B 在点 A 的前方 5 mm、左方 15 mm、下方 10 mm，作出点 B 的三面投影。

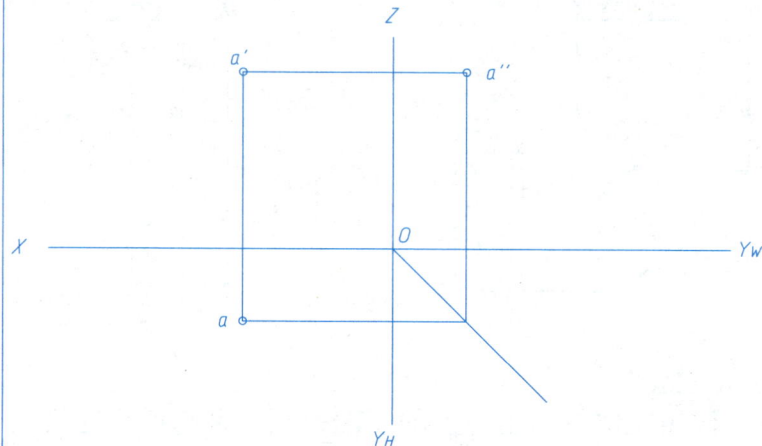

2-7 已知点 B 距离点 A 15 mm，点 C 与点 A 是对 V 面的重影点，点 D 在点 A 的正下方 10 mm。补全各点的三面投影，并标明可见性。

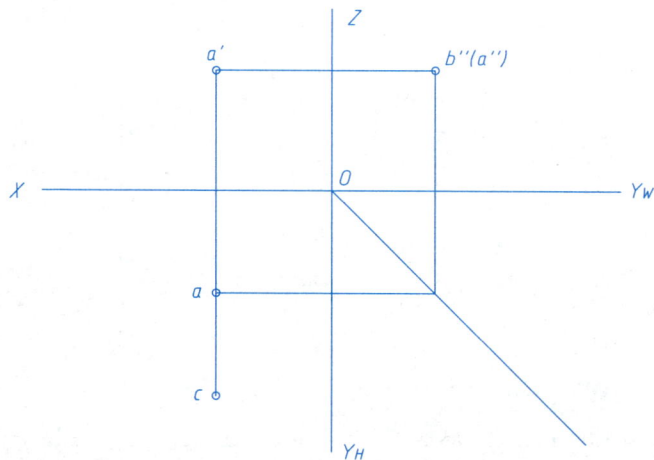

2-8 已知点 A(22, 15, 8)、B(11, 7, 20)、C(11, 15, 8)，作出点 A、B、C 的三面投影图，并指出它们的相对位置。

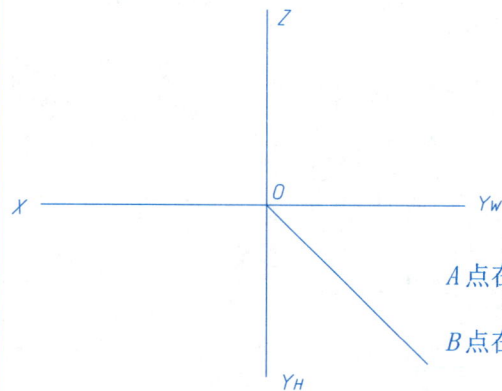

A 点在 B 点的_____方；

B 点在 C 点的_____方；

C 点在 A 点的_____方。

班级　　　　　学号　　　　姓名

| 2-9 求下列各直线的第三面投影，并说明各直线是何种位置直线。 | 2-10 写出立体上棱线的名称。 |

2-9 求下列各直线的第三面投影，并说明各直线是何种位置直线。

(1)

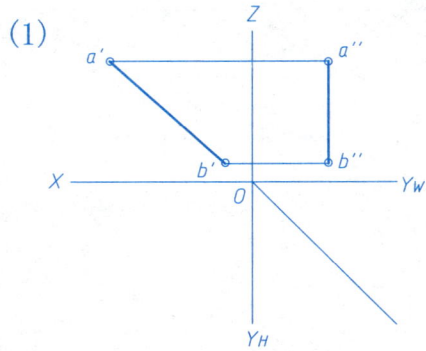

AB 是_____线。

(2)

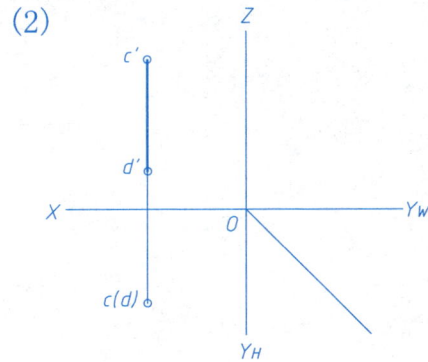

CD 是_____线。

(3)

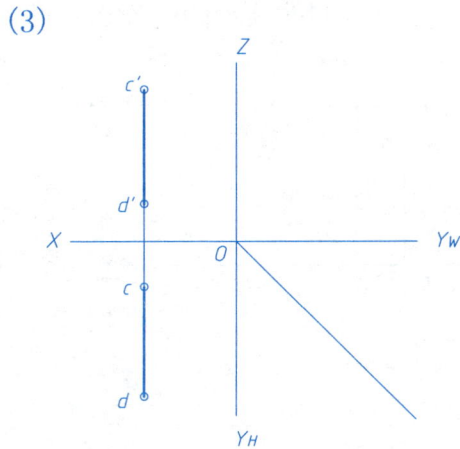

CD 是_____线。

(4)

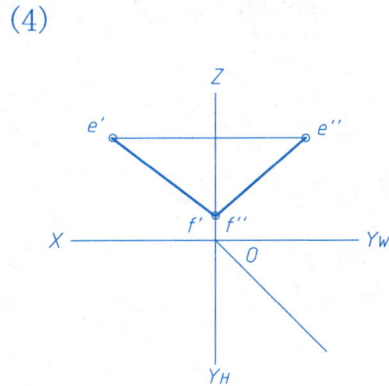

EF 是_____线。

2-10 写出立体上棱线的名称。

(1)

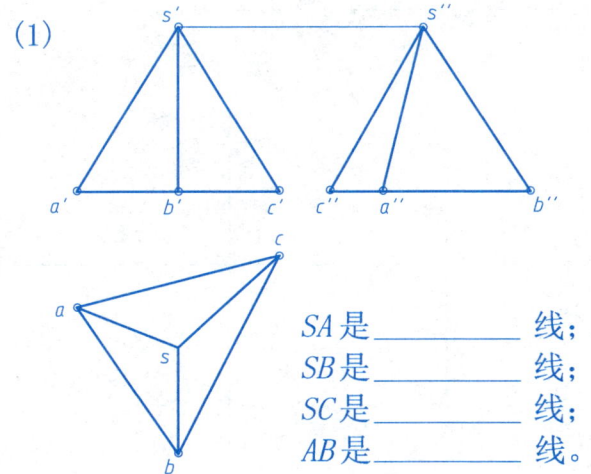

SA 是_____线；

SB 是_____线；

SC 是_____线；

AB 是_____线。

(2)

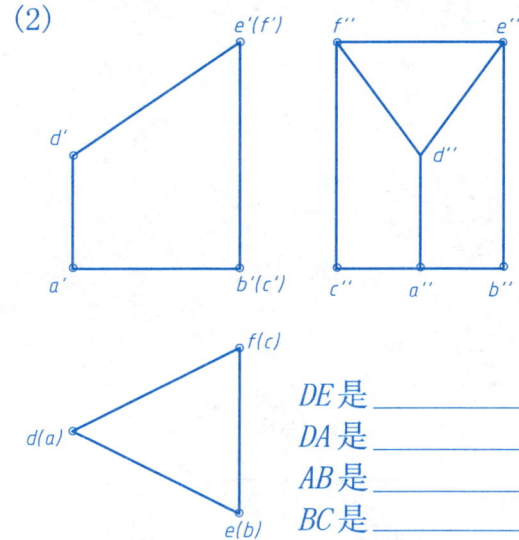

DE 是_____线；

DA 是_____线；

AB 是_____线；

BC 是_____线。

班级　　　　学号　　　　姓名

2-11 已知铅垂线AB的一个端点A的两个投影和另一个端点B的水平投影，且AB=10 mm，求作直线AB的三面投影。

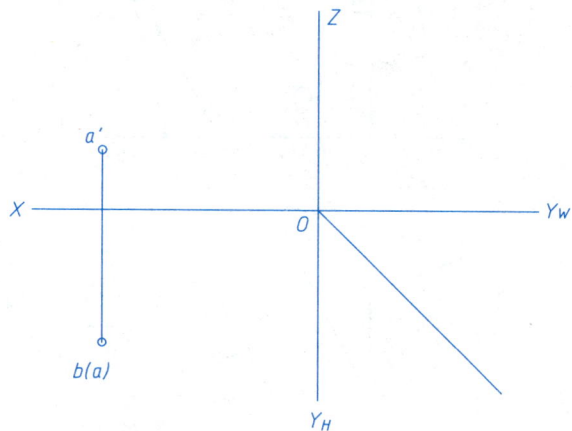

2-12 已知EF//H面，点E、F分别距V面15 mm和5 mm，求直线EF的水平投影和侧面投影。

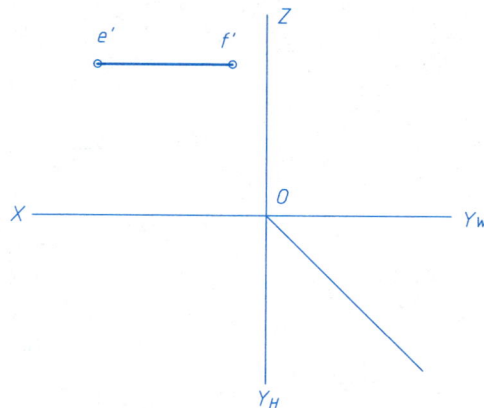

2-13 已知：（1）直线AB对H面的倾角为30°；（2）直线CD对V面的倾角为30°。完成它们的其余两面投影（两解）。

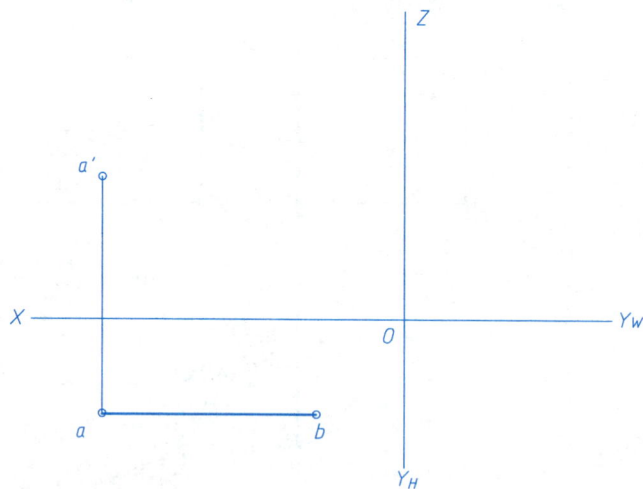

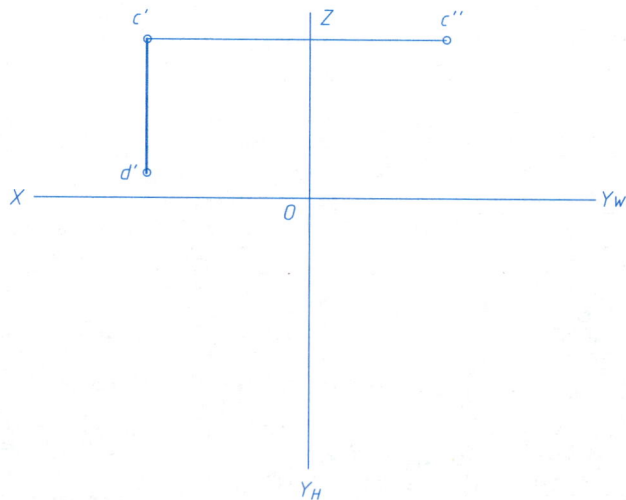

班级　　　学号　　　姓名

2-14 用直角三角形法求直线AB的实长及其对H面、V面的倾角。

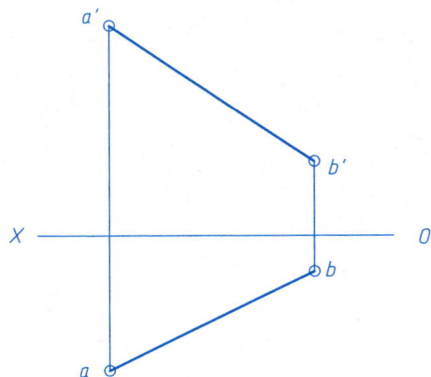

2-15 用换面法求直线AB的实长及其对H面、V面的倾角。

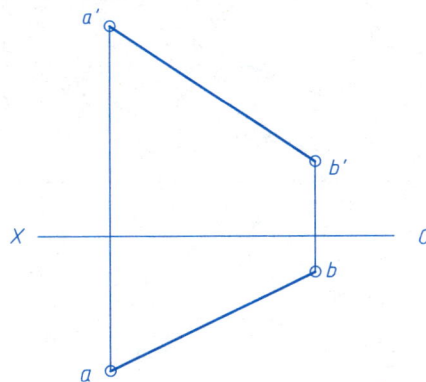

2-16 求直线CD的另一面投影。

(1) 已知直线CD的 β =30°。

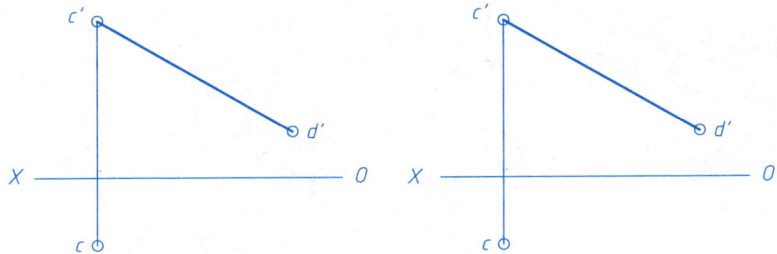

(2) 已知直线CD的 γ =30°。

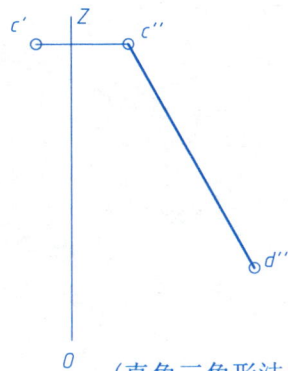

（直角三角形法）

（换面法）

（直角三角形法）

班级   学号   姓名

2-17 已知线段AB的长度为30 mm，应用直角三角形法求作ab。

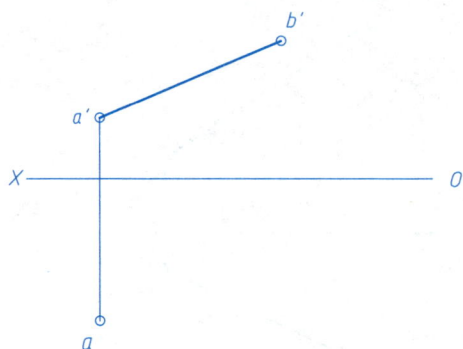

本题有___个解。

2-18 已知线段AB的长度为30 mm，应用换面法求作ab。

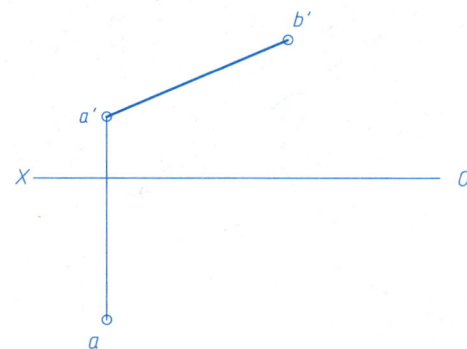

本题有___个解。

2-19 已知点M在直线CD上且$CM=15$ mm，应用直角三角形法求点M的两面投影。

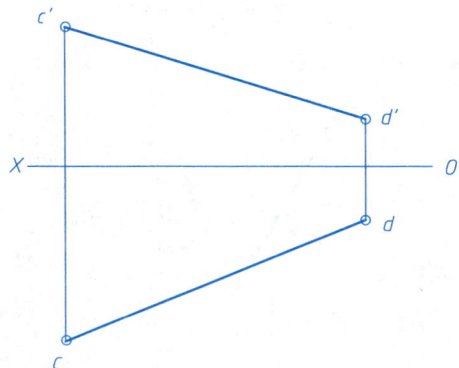

2-20 已知点M在直线CD上且$CM=15$ mm，应用换面法求点M的两面投影。

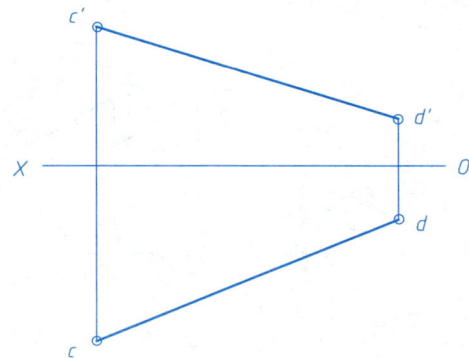

班级   学号   姓名

2-21 点A、B、C、D在同一直线上，补出各点的另一面投影。	2-22 判断点C是否在直线AB上，将结果填在横线上。

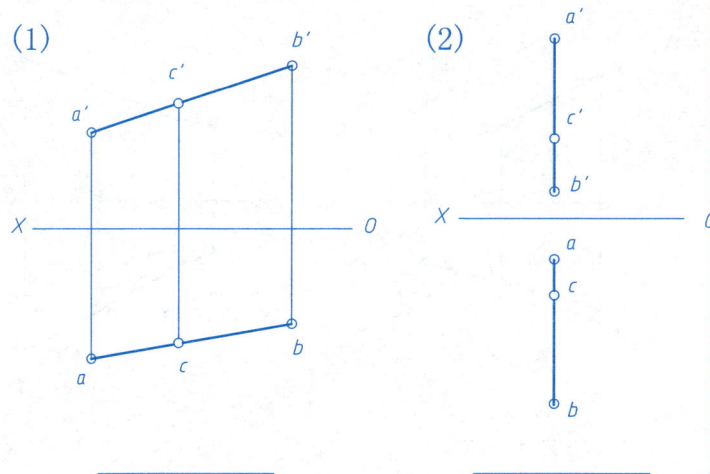

2-21 点A、B、C、D在同一直线上，补出各点的另一面投影。

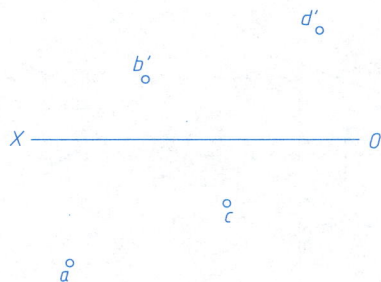

d'

b'

X ——————————————— O

c

a

2-22 判断点C是否在直线AB上，将结果填在横线上。

(1)

b'

c'

a'

X ——————————————— O

a

c

b

_____

(2)

a'

c'

b'

X ——————————————— O

a

c

b

_____

2-23 在线段AB上求作一点C，使C到V面的距离为25 mm。	2-24 在直线EF上取一点K，使EK：KF=3：1。

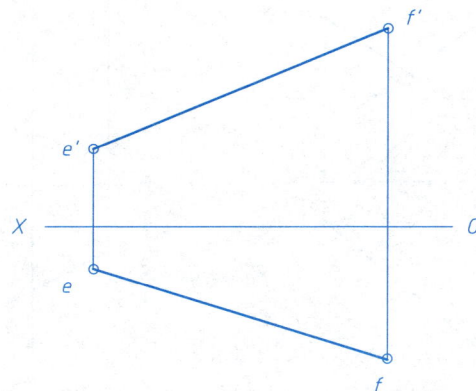

2-23 在线段AB上求作一点C，使C到V面的距离为25 mm。

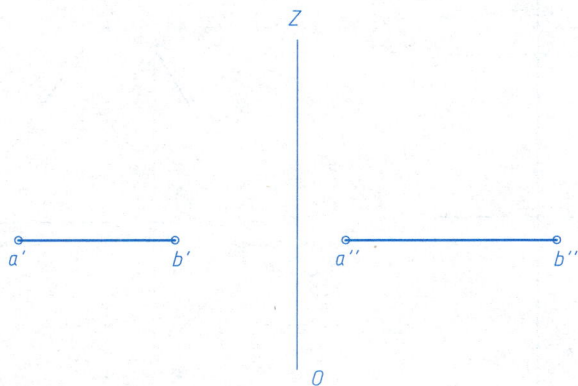

Z

a'———b'   a''————————b''

O

2-24 在直线EF上取一点K，使EK：KF=3：1。

f'

e'

X ——————————————— O

e

f

班级   学号   姓名

2-25 判断两直线的相对位置（平行、相交、交叉），将结果填在横线上。

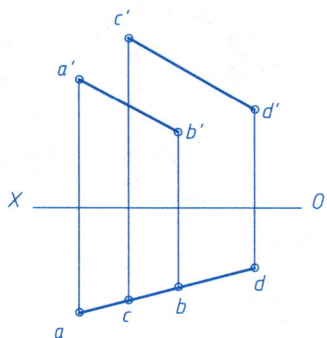 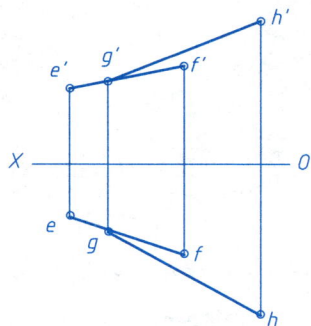 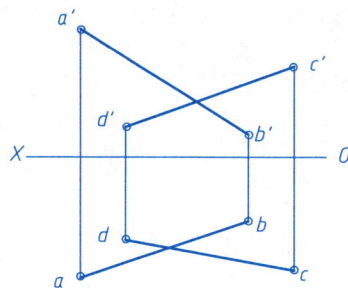 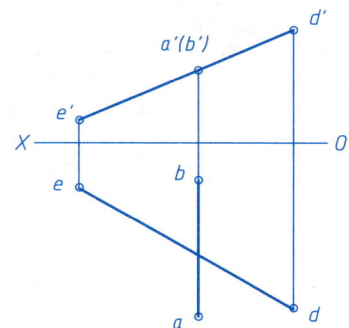

_____   _____   _____   _____

2-26 已知两直线AB与CD相交，补出所缺的投影。

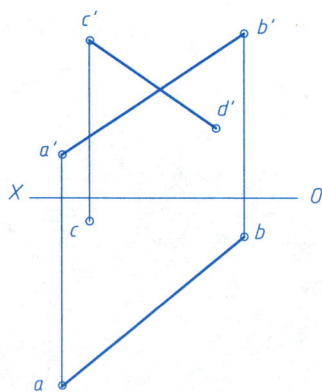 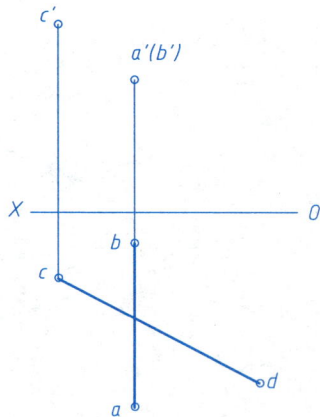 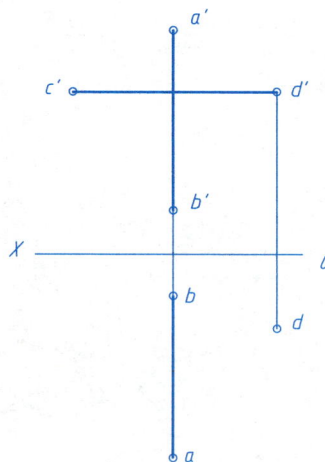 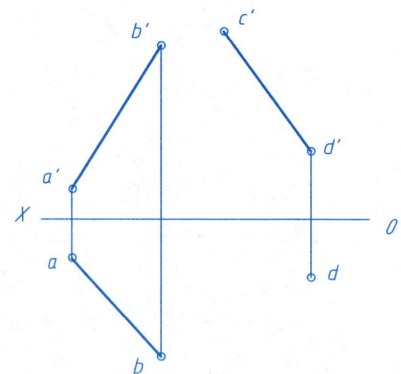

班级   学号   姓名

2-27 在AB、CD上作对正面投影的重影点E、F和对侧面投影的重影点M、N的三面投影，并标明可见性。

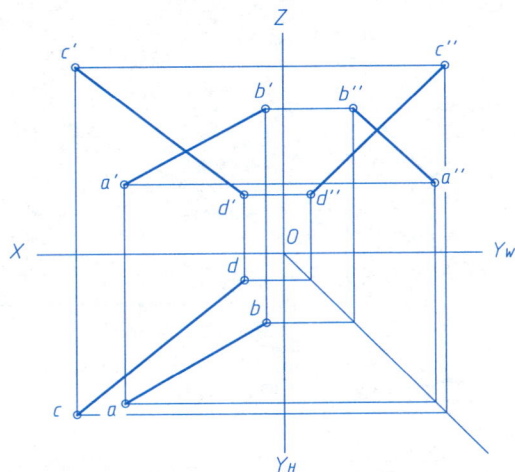

2-28 直线CD平行于直线AB，且与直线EF相交于K点；EF为一水平线，实长L=30 mm。完成直线CD、EF的投影图。

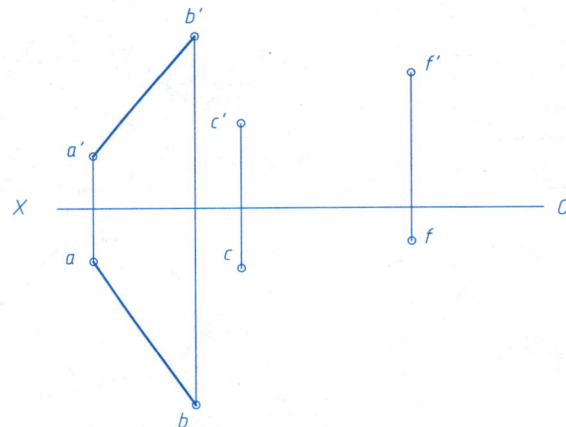

2-29 作一直线MN平行于AB，且与CD、EF均相交。

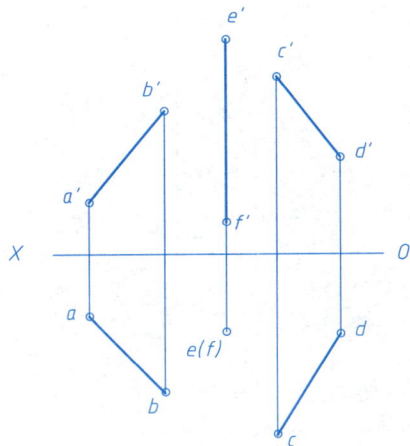

2-30 过点A作一直线AB，使其与两直线MN、CD均相交。

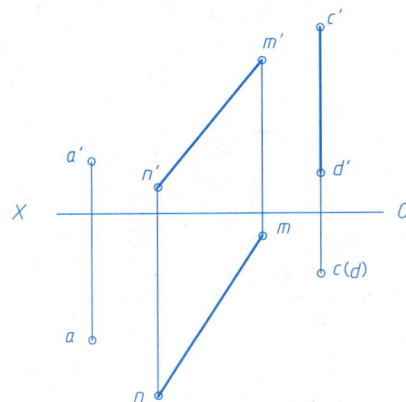

2-31 根据直角投影定理，由投影判断空间两条直线是否垂直，将结果填在横线上。

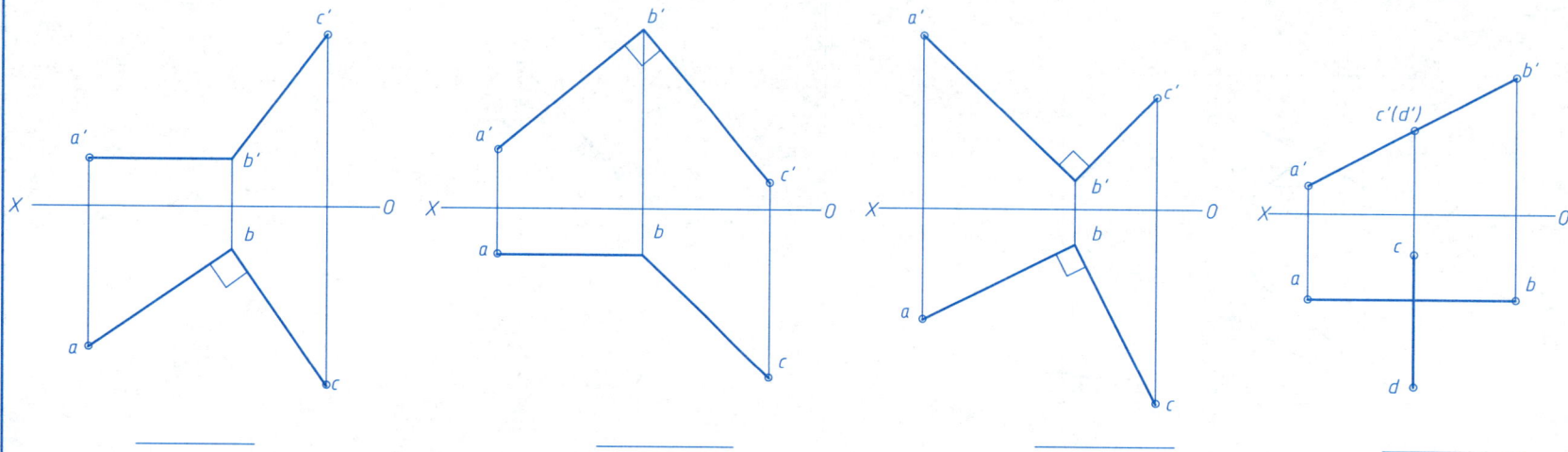

2-32 过点A作直线AB与直线CD垂直相交。

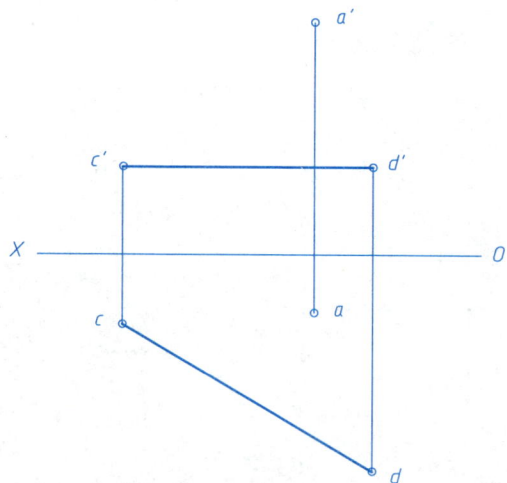

2-33 求作两交叉直线AB、CD的公垂线EF。

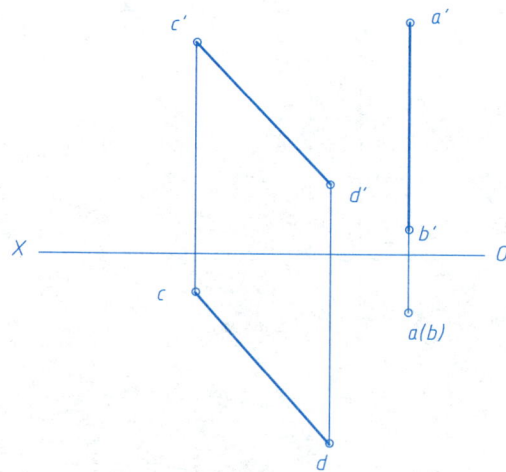

班级　　　学号　　　姓名

2-34 判断空间两条直线是否垂直，如果垂直是相交垂直还是交叉垂直，将答案写在横线上。

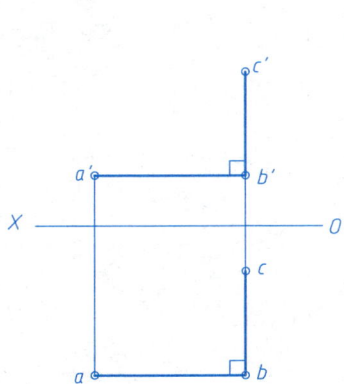

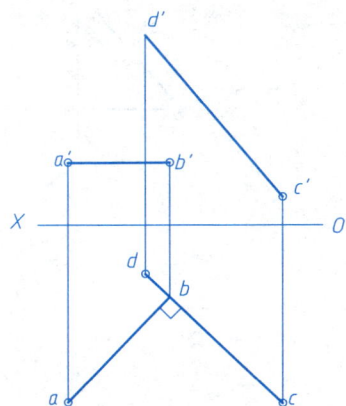

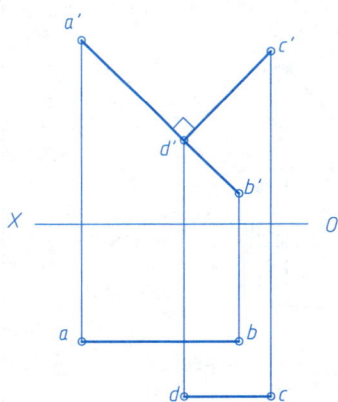

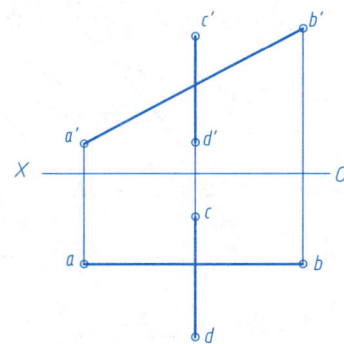

2-35 已知ABCD为正方形，下面投影是否正确，将答案写在横线上。

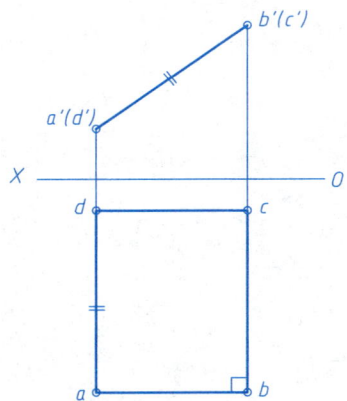

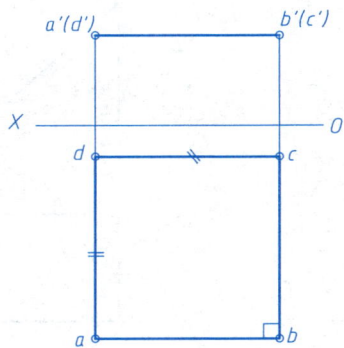

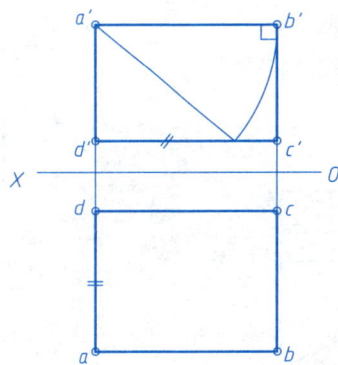

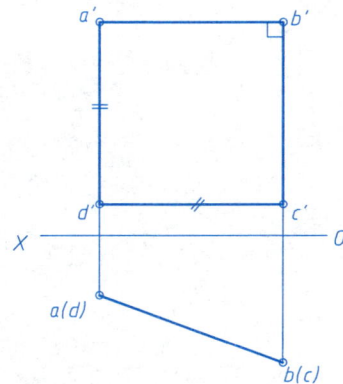

班级   学号   姓名

2-36 求作直线AB与CD之间的距离(投影和实长)。

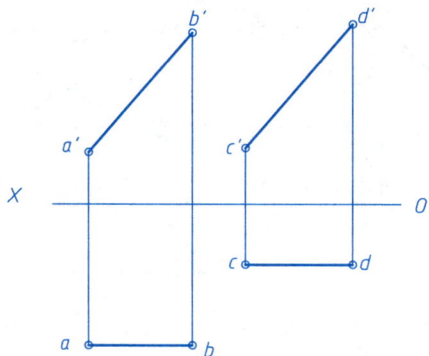

2-37 已知矩形$ABCD$的正面投影，求作其水平投影。

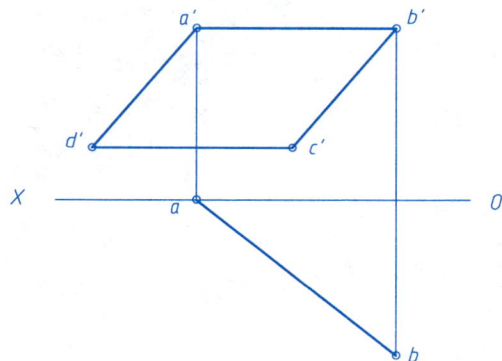

2-38 一等腰直角三角形ABC，AC为斜边，顶点B在直线NC上，试完成其两面投影。

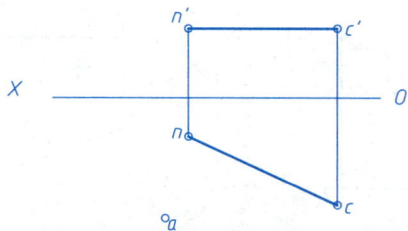

2-39 已知菱形$ABCD$的对角线BD的投影和另一对角线端点的水平投影a，试完成菱形的两面投影。

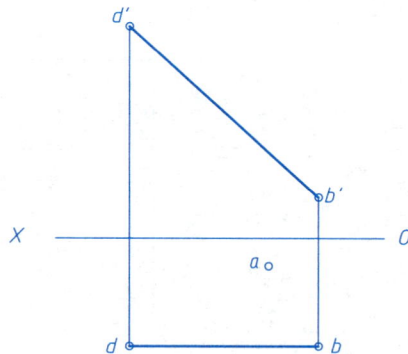

班级   学号   姓名

2-40 对照立体图，在三视图上标出平面P、Q、R、S、T的三面投影，并说明它们是什么位置平面。

2-41 (1)求平面图形的第三投影并判断平面的位置关系；
(2)已知平面图形上点K的一个投影，求其他两面投影。

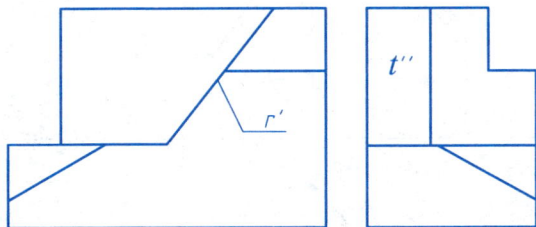

P为_____面；

Q为_____面；

R为_____面；

S为_____面；

T为_____面。

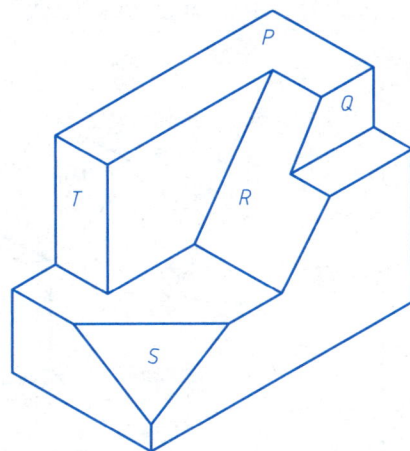

（1）

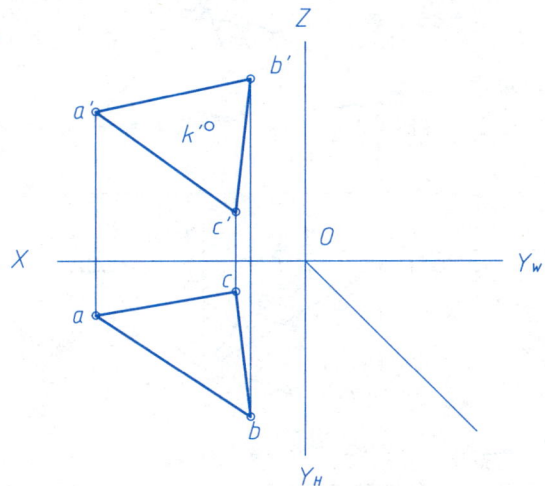

该平面是_____面。

（2）

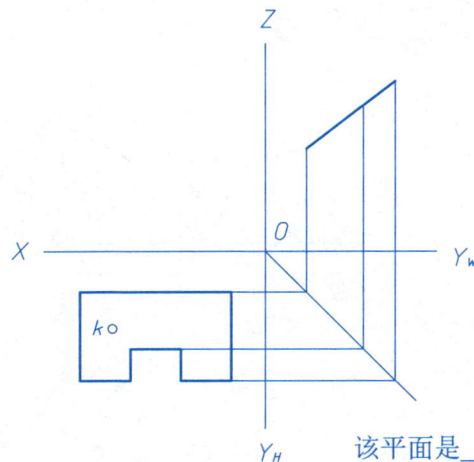

该平面是_____面。

班级　　　学号　　　姓名

2-42 作图判断点M、N和直线BD是否在平面ABC上。

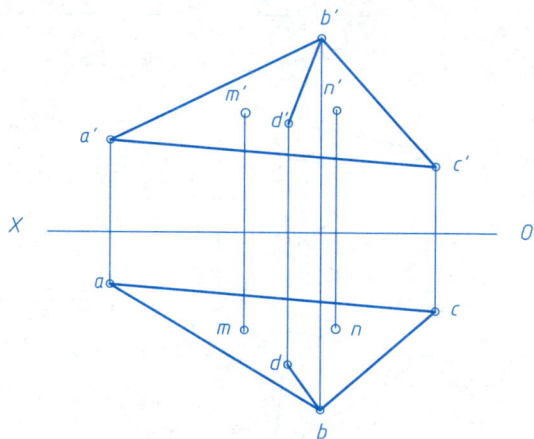

点M _____ 点N _____ 直线BD _____

2-43 在△ABC平面上作一距H面20 mm的水平线EF。

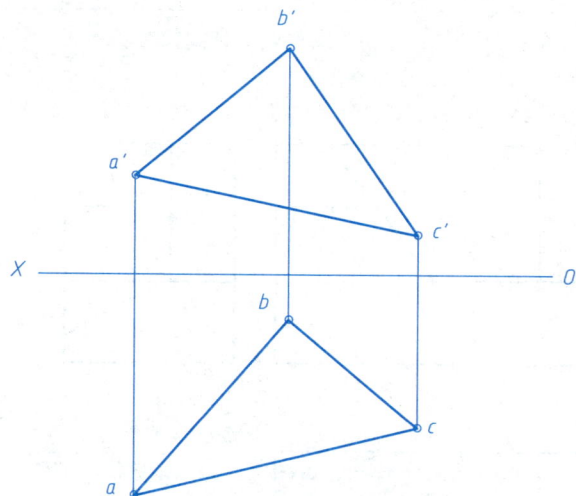

2-44 补全平面图形PQRST的两面投影。

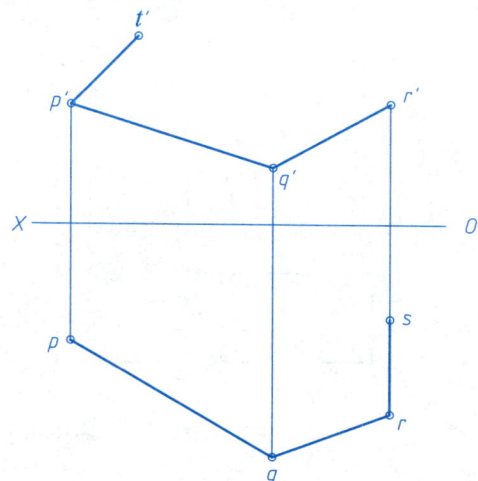

2-45 作出平面ABCD上的△EFG的正面投影。

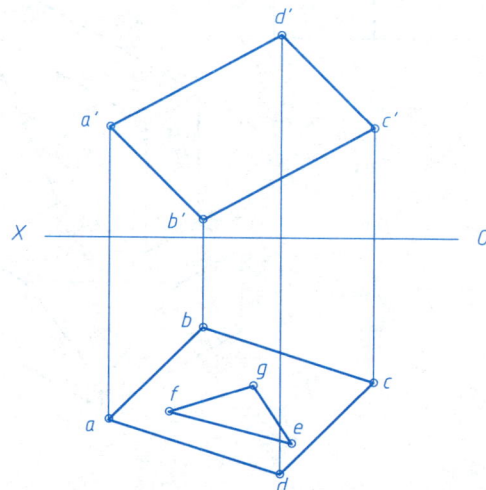

班级　　　　学号　　　　姓名

2-46 求作平面立体的第三视图，并求所给立体表面上点的其余两面投影。

(1)

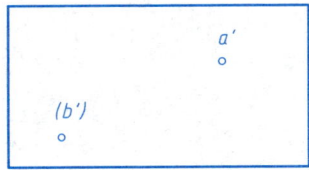 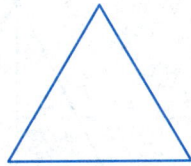

(2)

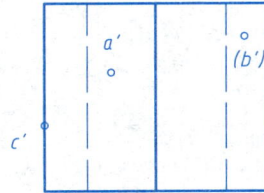

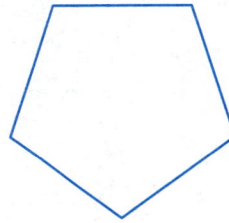

(3)

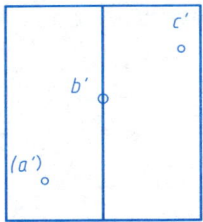

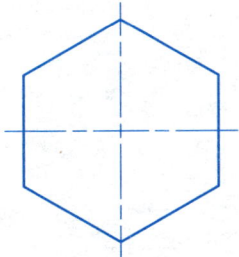

(4)

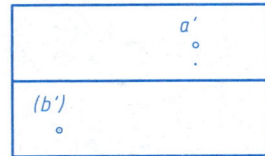 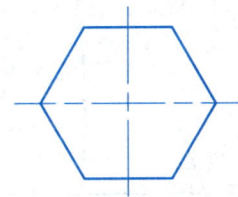

　　班级　　　学号　　　姓名

2-47 求作平面立体的第三视图，并求所给立体表面上点的其他两面投影。

(1)

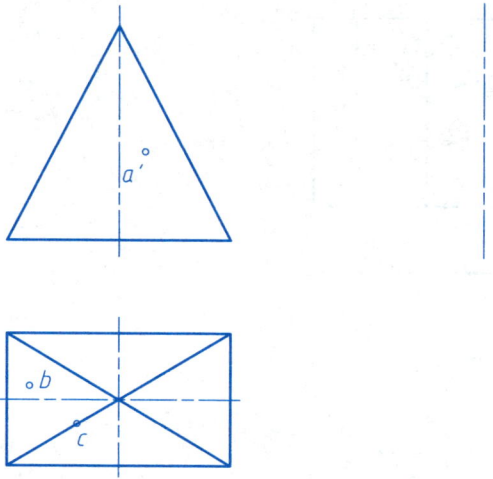

(2)

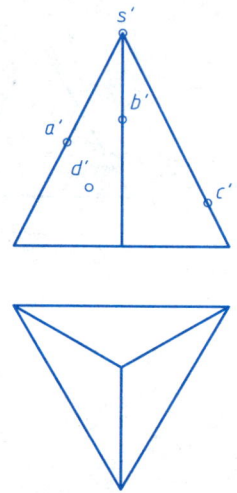

(3)

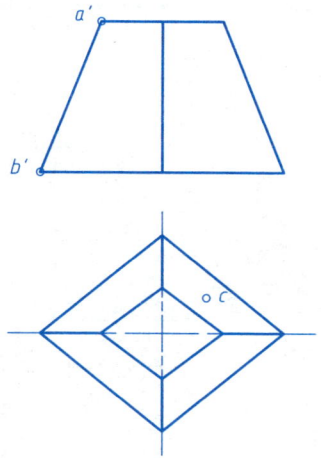

(4)

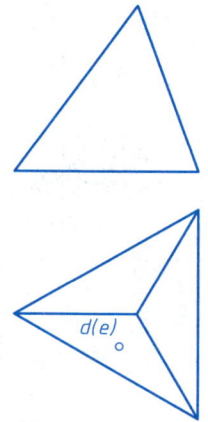

班级   学号   姓名

2-48 已知直线EF//△ABC,试完成EF的水平投影。	2-49 已知△ABC平行于直线EF,求作△ABC的投影。
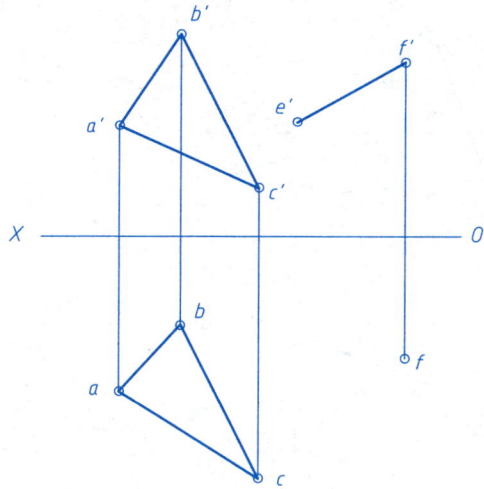	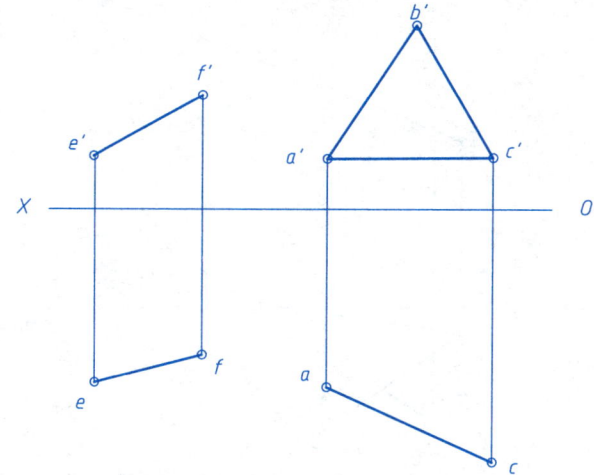
2-50 过点E作一平面平行于已知平面ABC。	2-51 过点A作一平面平行于两交叉直线DE和FG。
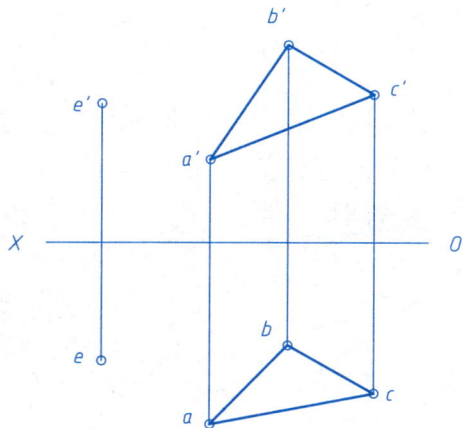	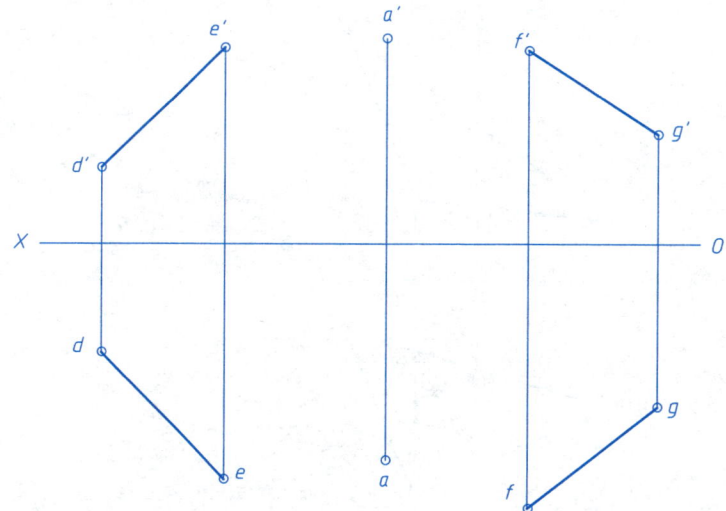

　　班级　　　　学号　　　　姓名

2-52 求直线 DE 与平面 ABC 的交点，并标明可见性。

（1）

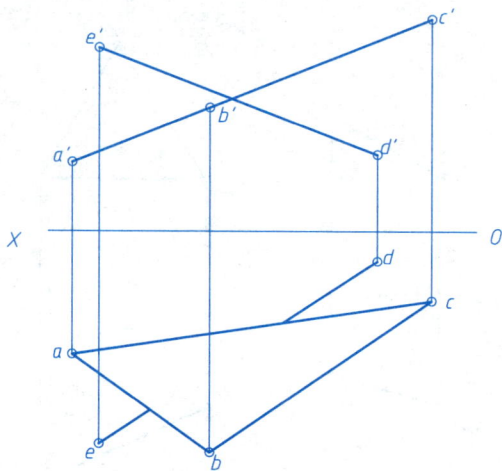

（2）

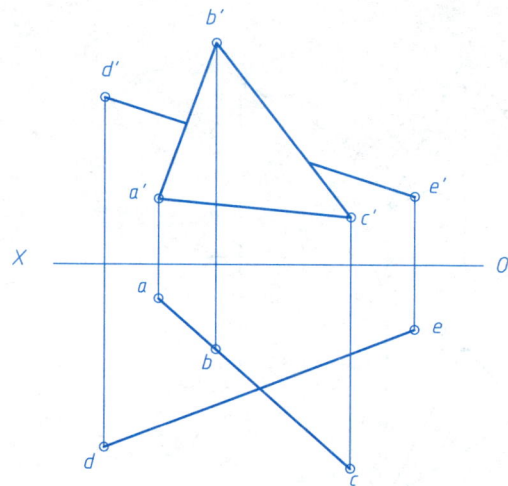

2-53 求直线 EF 与平面 ABC 的交点，并标明可见性。

（1）

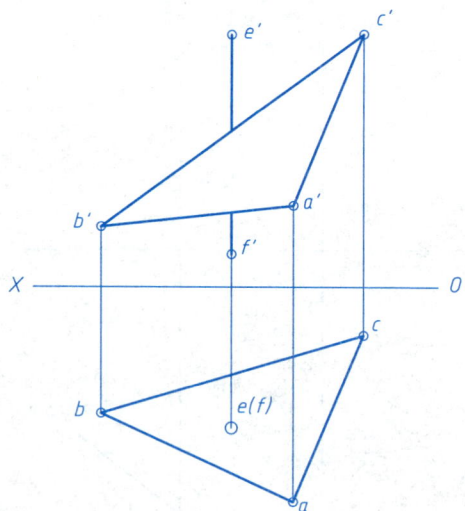

（2）

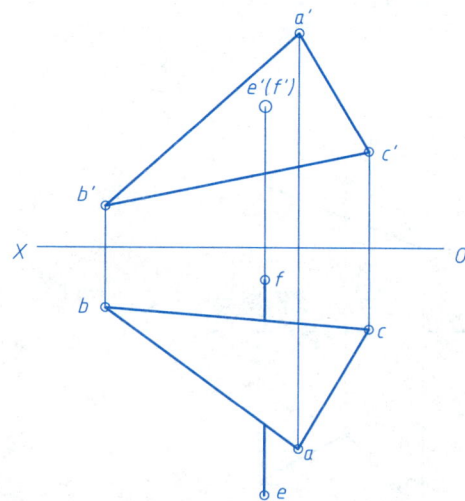

　班级　　　　学号　　　姓名

2-54 求△ABC与△DEF的交线MN，并标明可见性。

（1）

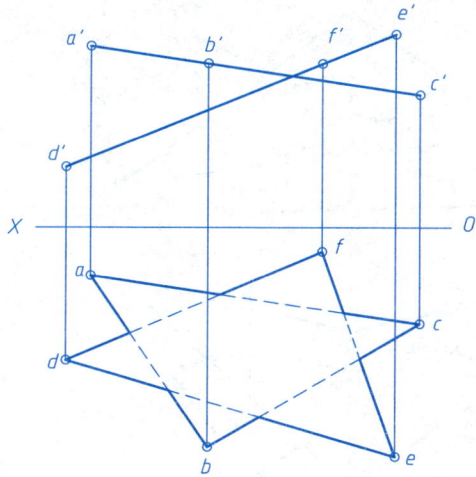

（2）

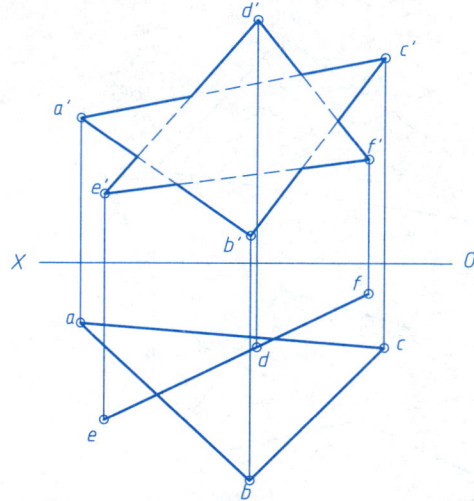

2-55 作△EFG与平面PQRS的交线MN，并标明可见性。

（1）

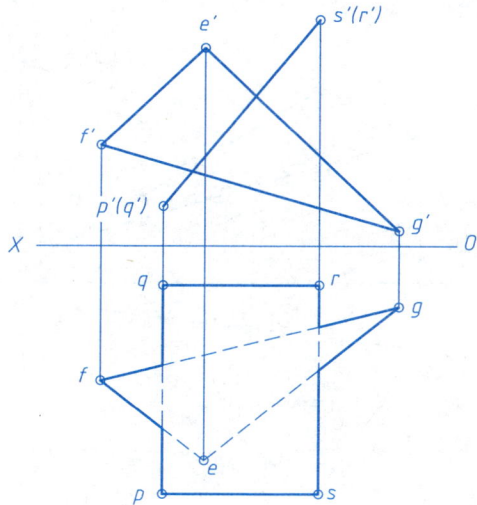

（2）

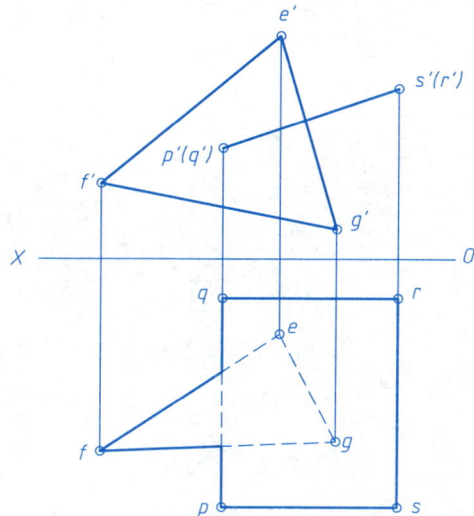

班级   学号   姓名

2-56 求直线MN与△ABC的交点并标明可见性。	2-57 求平面△ABC与△DEF的交线，并标明可见性。
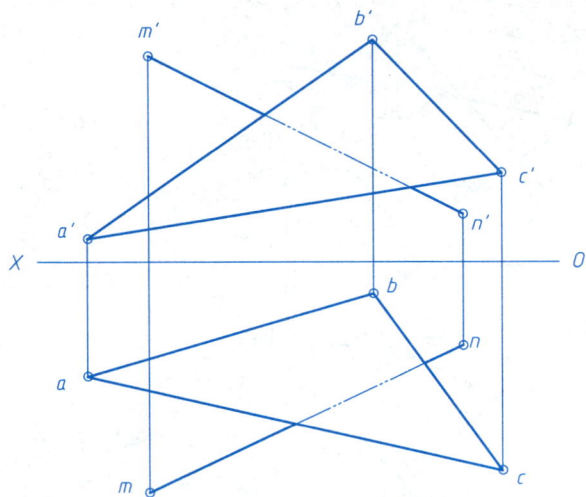	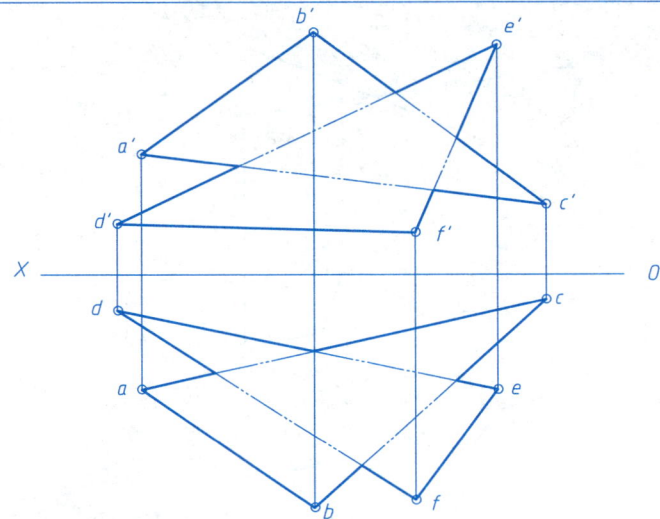
2-58 过点A作一平面垂直于直线AB。	2-59 作图判断直线AB是否垂直于△EFG。
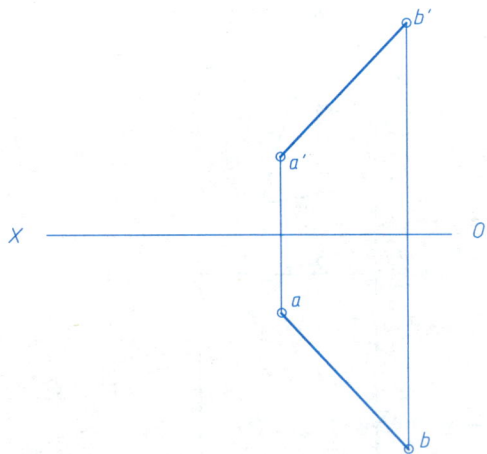	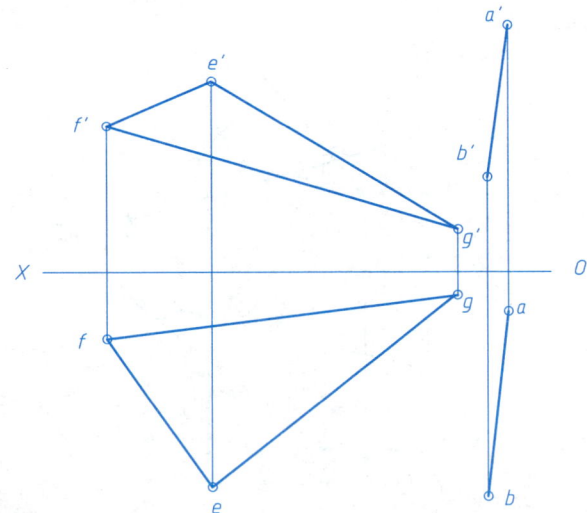

班级   学号   姓名

2-60 求点A的新投影。

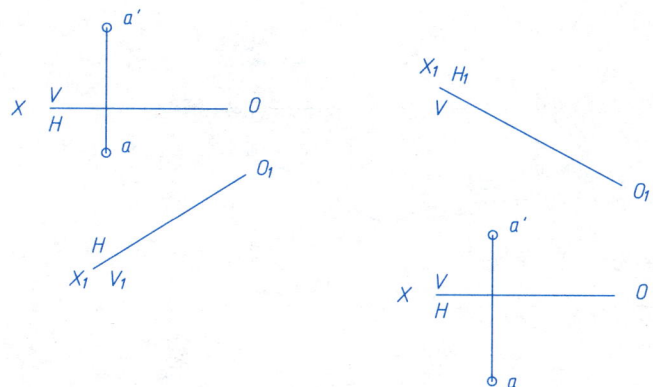

2-61 求新投影轴O_1X_1和O_2X_2。

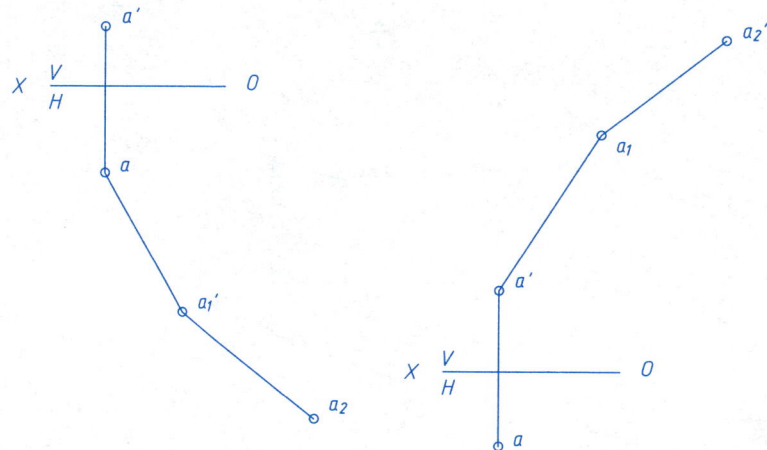

2-62 用换面法求直线AB的实长和α角与直线CD的实长和β角。

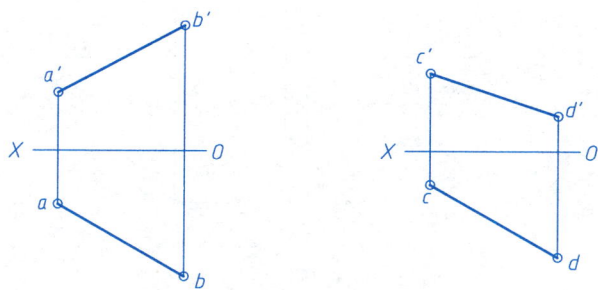

2-63 已知直线AB与V面间的夹角为30°，求直线AB的水平投影ab。

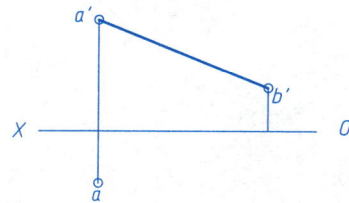

2-64 已知点C在直线AB上，AC=25 mm，用换面法求C点。

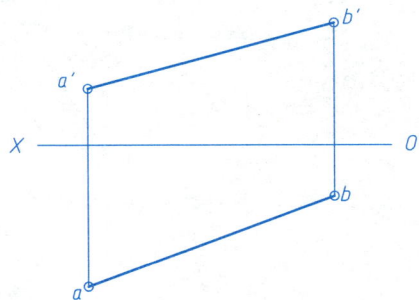

2-65 用换面法求点A至直线BC的距离（投影和实长）。

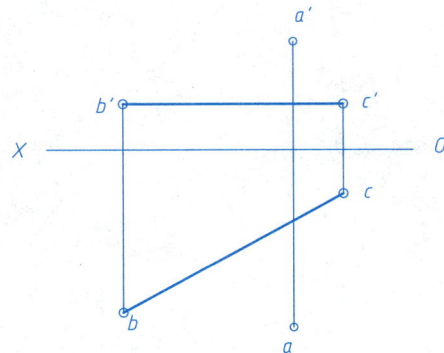

2-66 用换面法求两平行直线AB和CD间的距离（投影和实长）。

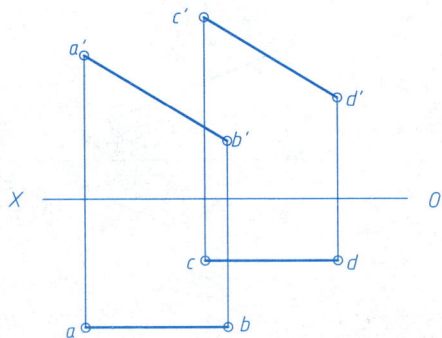

2-67 用换面法求两交叉直线AB和CD间的距离（投影和实长）。

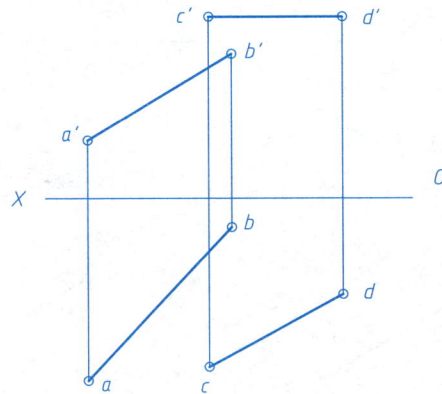

班级   学号   姓名

2-68 用换面法求四边形 ABCD 的实形。

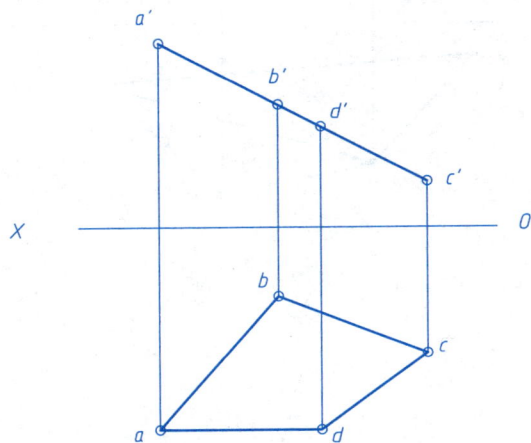

2-69 用换面法求平面 ABC 的 α、β 角，并求点 D 至平面 ABC 的距离（投影和实长）。

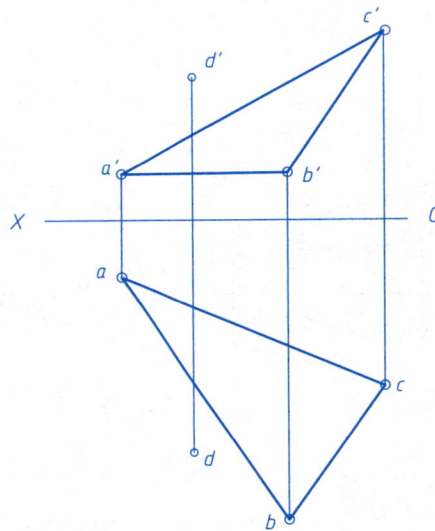

　　班级　　　　学号　　　　姓名

2-70 用换面法求点 A 到直线 BC 的距离。

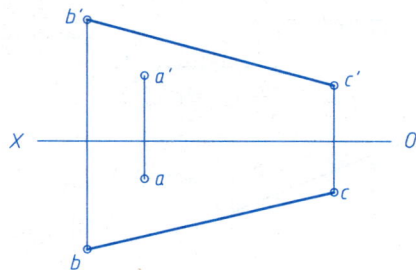

2-71 用换面法求 $\triangle ABC$ 和 $\triangle BCD$ 之间的夹角 θ。

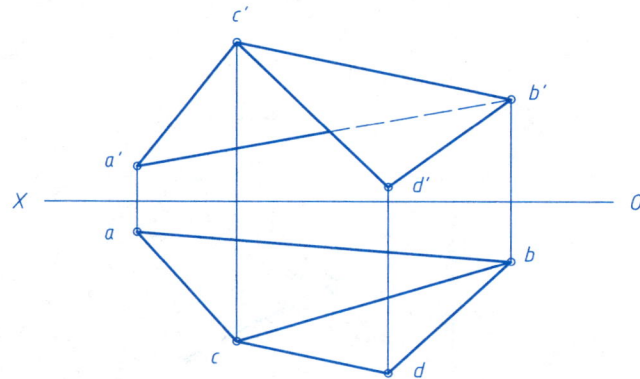

班级　　　学号　　　姓名

2-72 已知∠BAC为60°，求直线AC的正面投影。

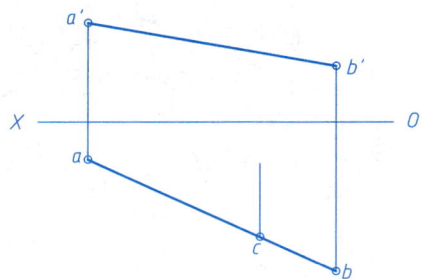

2-73 已知点K到平面ABC的距离为10 mm，求点K的水平投影。

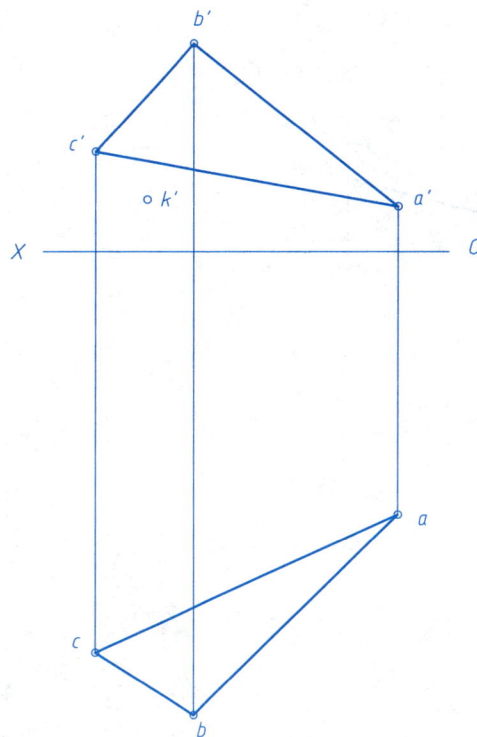

班级　　　　学号　　　　姓名

2-74 欲用一段管路KL将AB和CD两段管路连接起来,求KL的最短距离（实长和投影）。

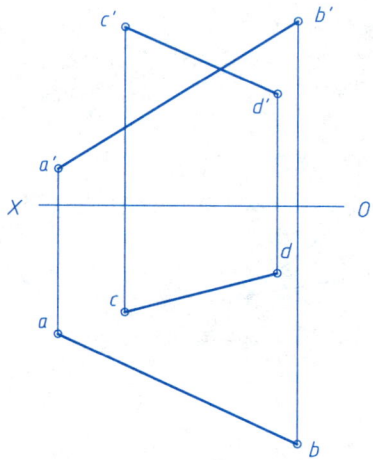

2-75 在直线MN上求点K，使点K到平面ABC的距离为10 mm。

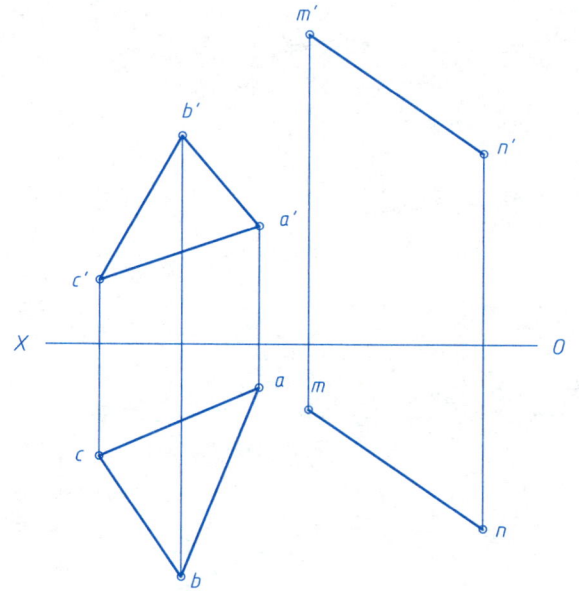

班级　　　学号　　　姓名

第3章 曲面基本体的三视图和轴测图

3-1 求作曲面立体的第三个视图，并求曲面立体表面上点的其余两面投影，判断其可见性。

(1)

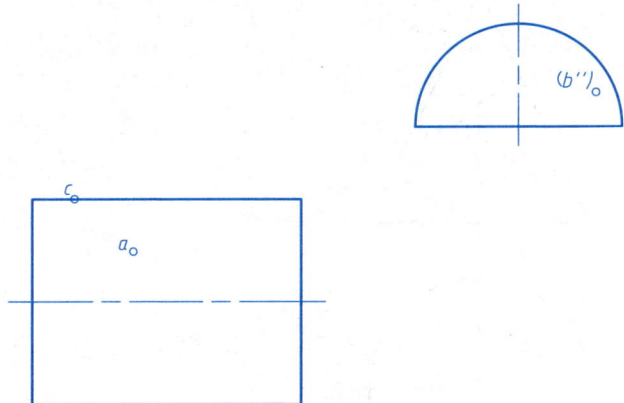

(2)

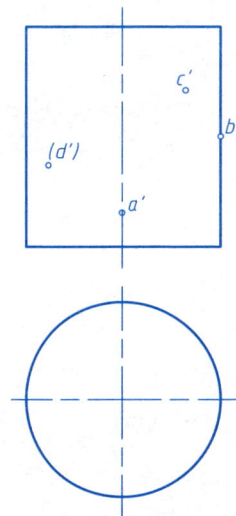

(3)

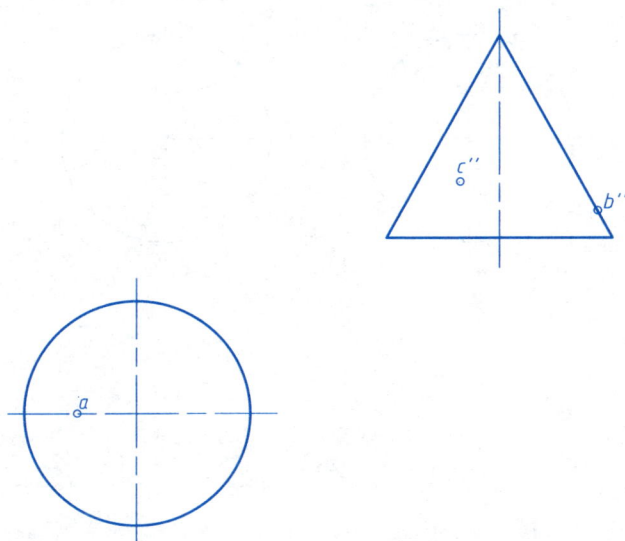

(4)

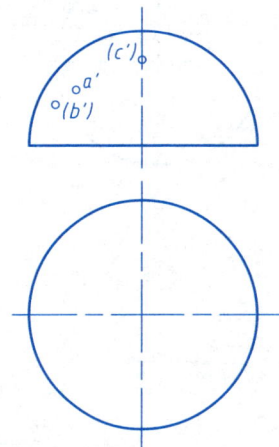

班级　　　　学号　　　　姓名

3-2 求作曲面立体的第三个视图，并求曲面立体表面上线段的其余两面投影，判断其可见性。

(1)
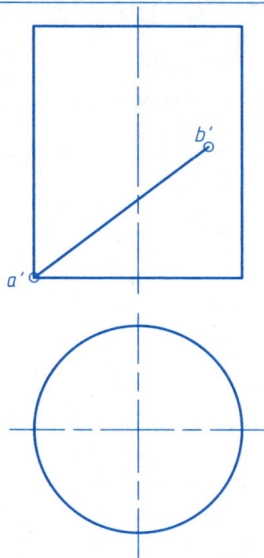

(2)
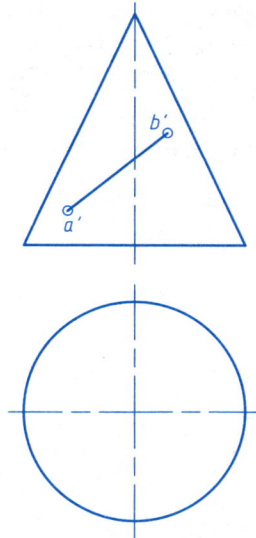

(3)
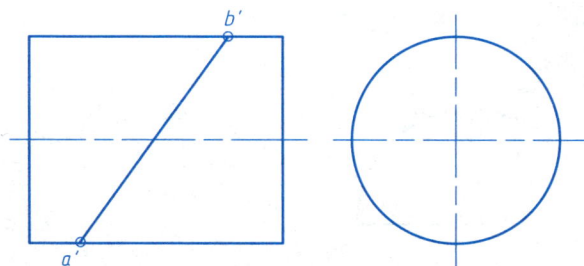

(4)
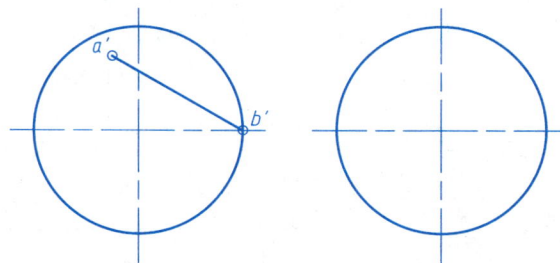

班级   学号   姓名

3-3 根据曲面立体的两个视图，求作其正等轴测图。

(1)

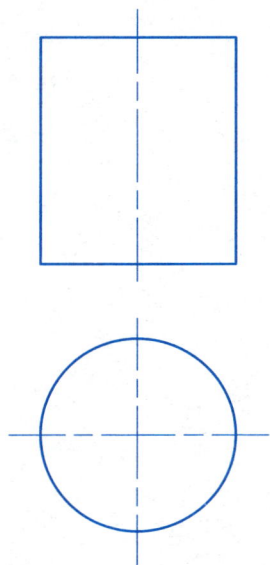

(2)

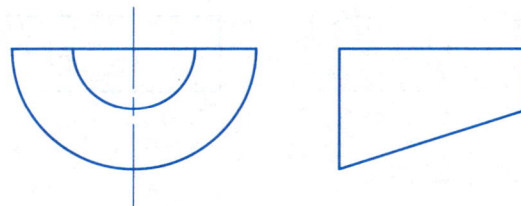

(3)

班级　　　学号　　　姓名

3-4 根据立体的两个视图，求作其正等轴测图。	3-5 根据立体的两个视图，求作其正等轴测图。

(1)

(2)

R10

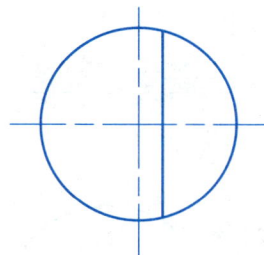

　班级　　　学号　　　姓名

第4章　切割体与相贯体的三视图

4-1 参考给定切割立体，完成其第三视图。	4-2 根据给定立体的视图，完成其第三视图。
(1) 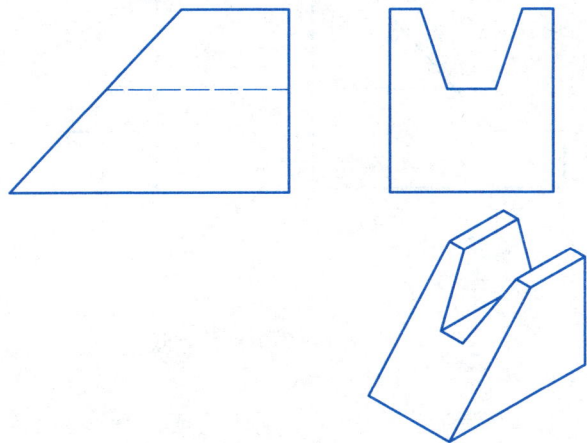	(1) 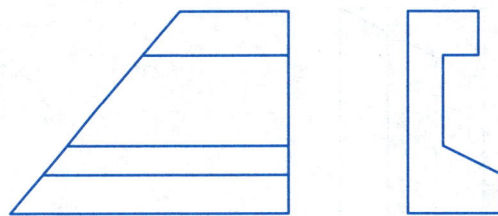 立体图
(2) 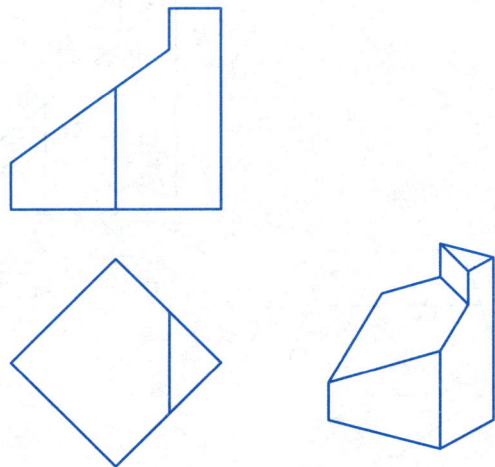	(2) 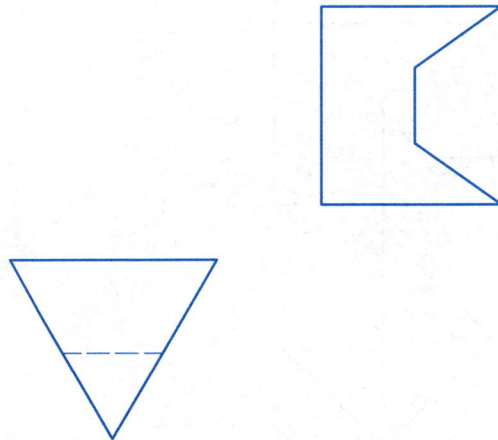 立体图

班级　　　　学号　　　　姓名

4-3 根据给定立体的视图，完成其第三视图。

(1)
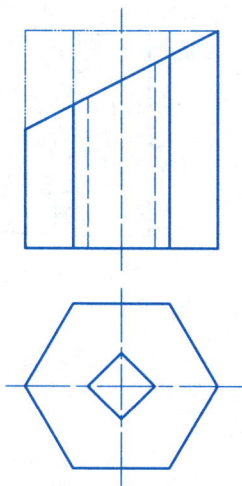

(2)
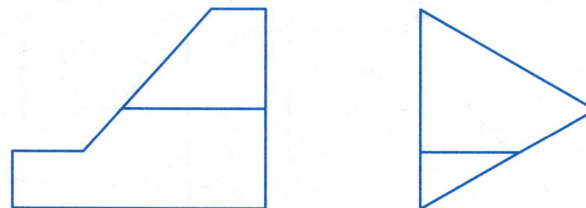

立体图

(3)
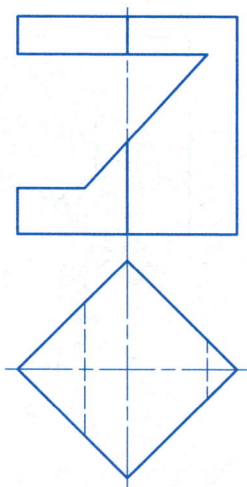

立体图

(4)
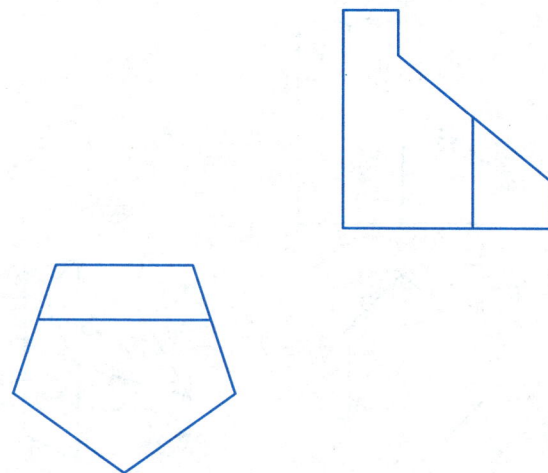

立体图

班级　　　　学号　　　　姓名

4-4 参考给定切割立体，完成其三视图。

(1)

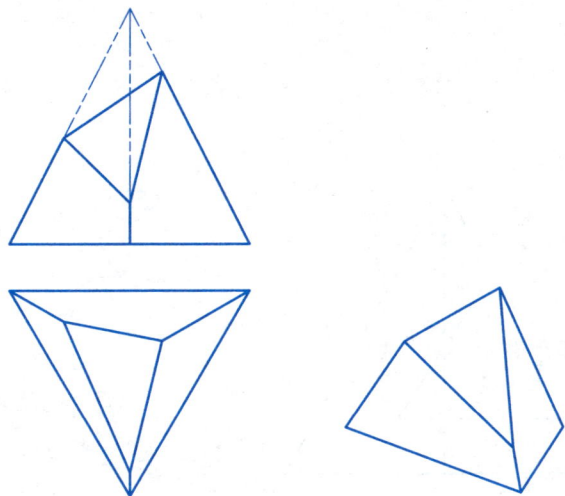

(2)

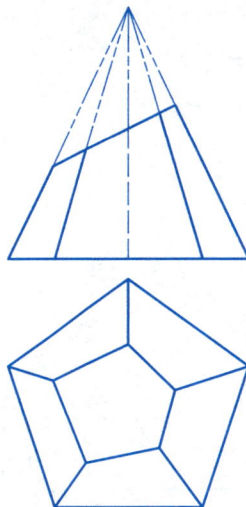

4-5 补画立体的三视图。

(1)

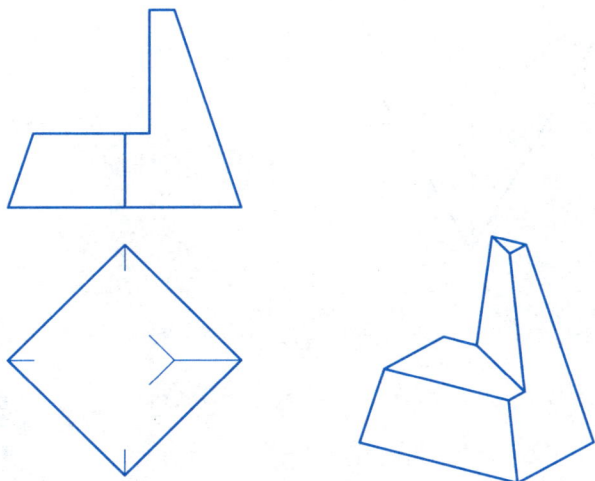

立体图

(2)

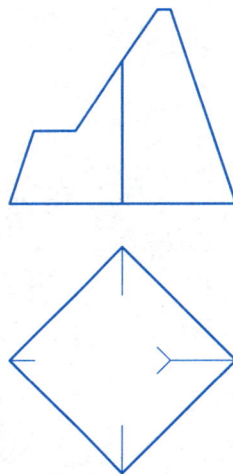

立体图

班级　　　　学号　　　　姓名

4-6 补全切割立体的三视图。

(1)

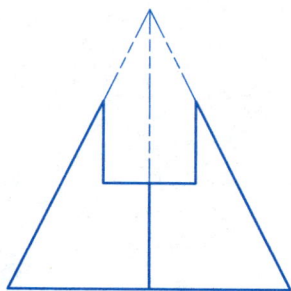

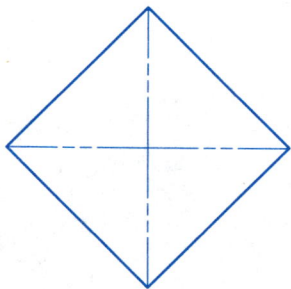

(2)

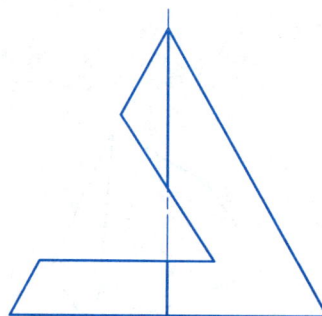

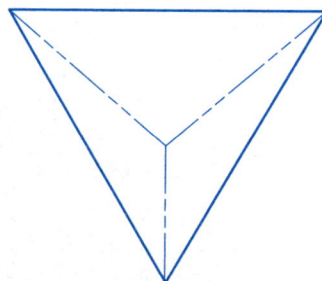

　班级　　　学号　　　姓名

4-7 参考给定切割立体，完成其三视图。	4-8 根据给定的视图，画出立体的第三视图。

(1)

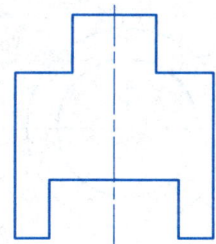
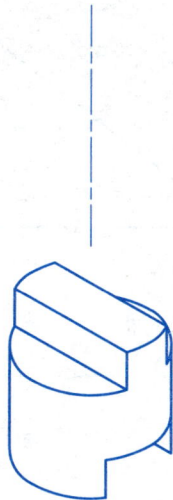
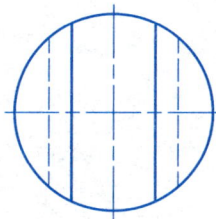

(1)

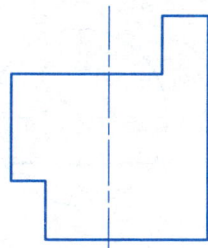
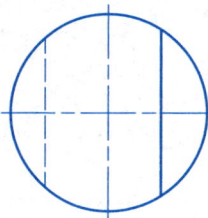

立体图

(2)

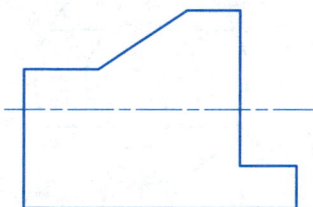
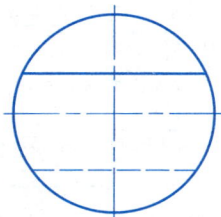
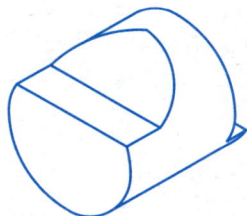

(2)

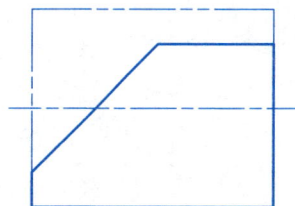
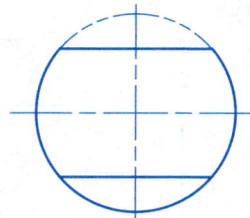

立体图

　班级　　　学号　　　姓名

4-9 补画立体的第三视图。

(1)
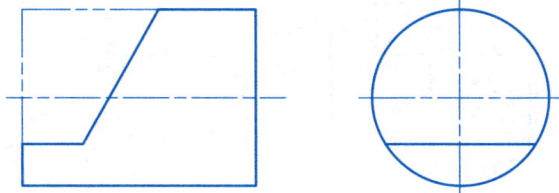

(2)
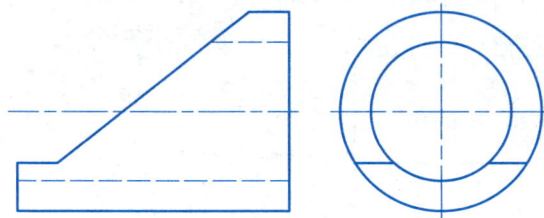

立体图

(3)
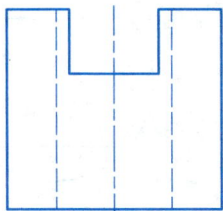

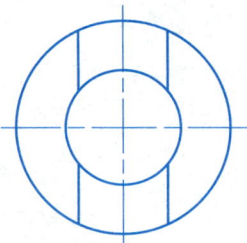

立体图

(4)
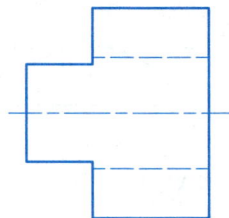
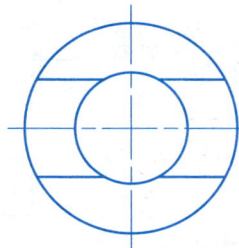

立体图

班级   学号   姓名

4-10 补画切割立体的三视图。	4-11 参考给定切割立体，完成其三视图。
(1) 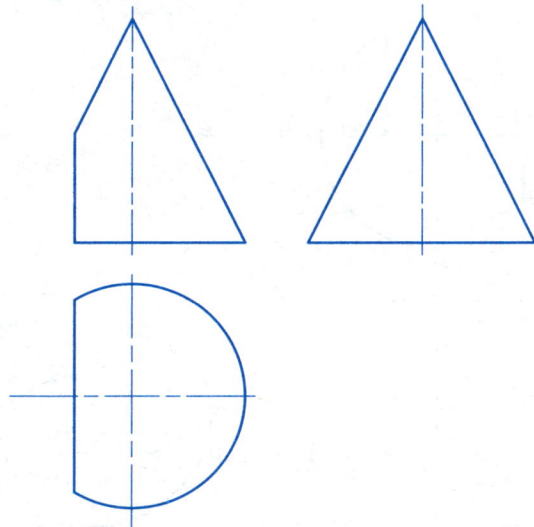 立体图	(1) 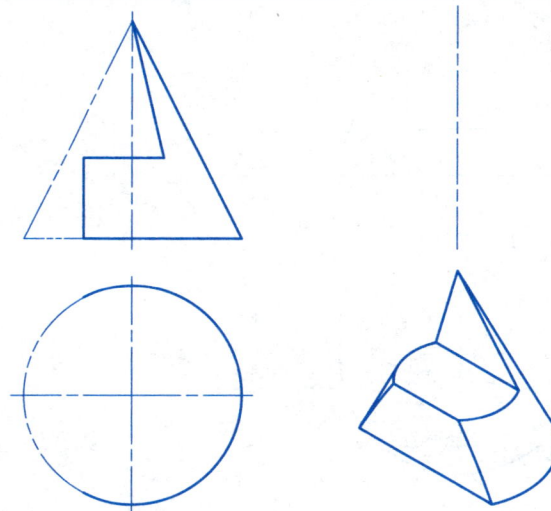
(2) 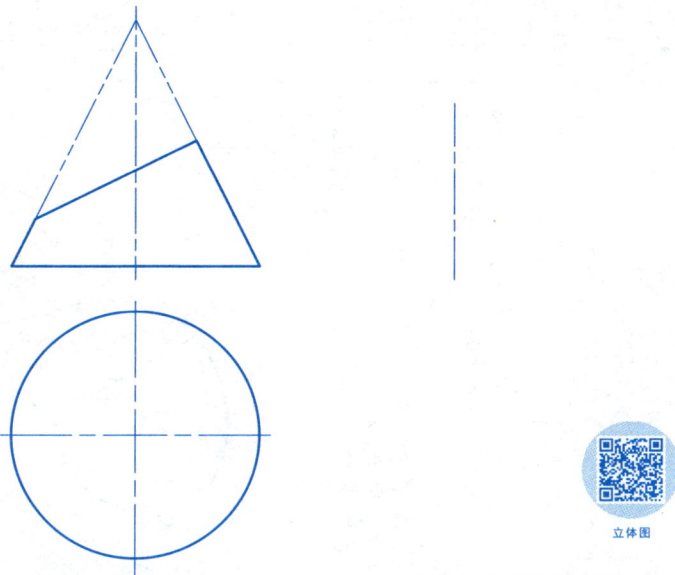 立体图	(2) 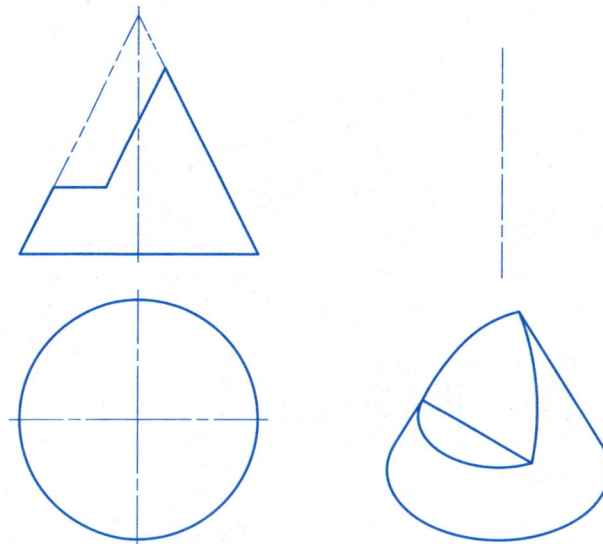

班级   学号   姓名

4-12 根据给定球截切后的视图，补全其三视图。	4-13 参考给定球切割后的立体，完成该立体三视图。

(1)

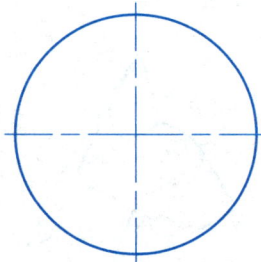 

(1)

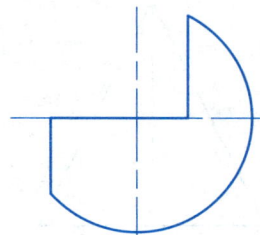 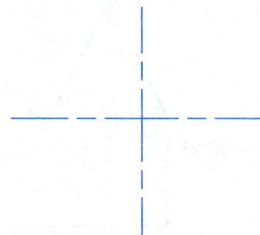

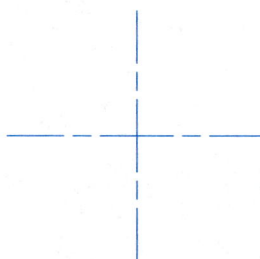 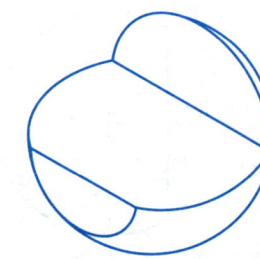

立体图

(2)

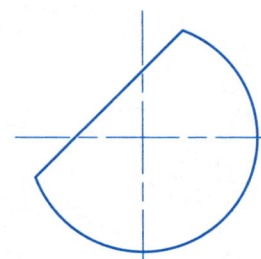 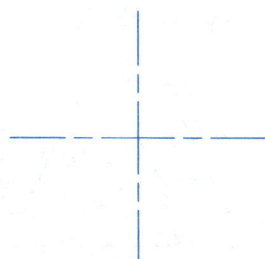

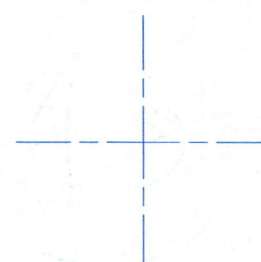 

立体图

(2)

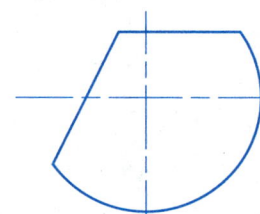 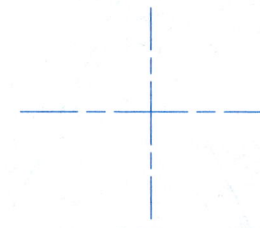

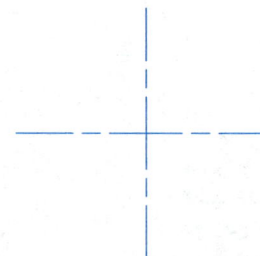 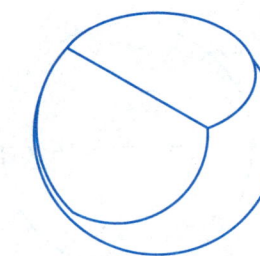

班级   学号   姓名

4-14 根据给定的视图，画出立体的第三视图。

(1)
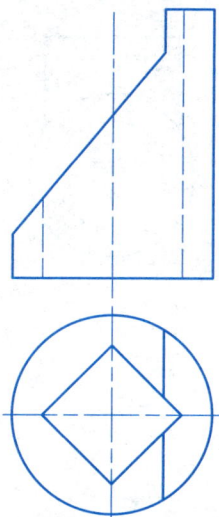

(2)
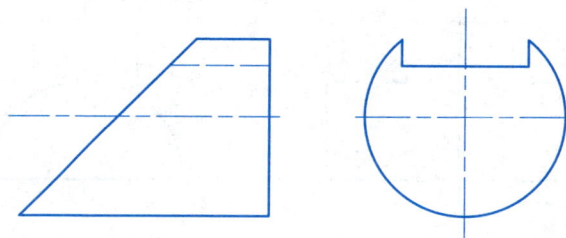

(3)
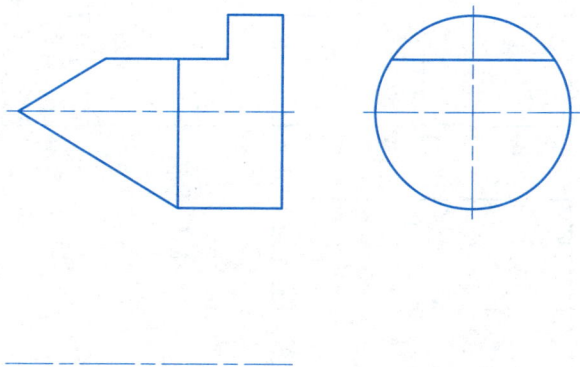

(4)
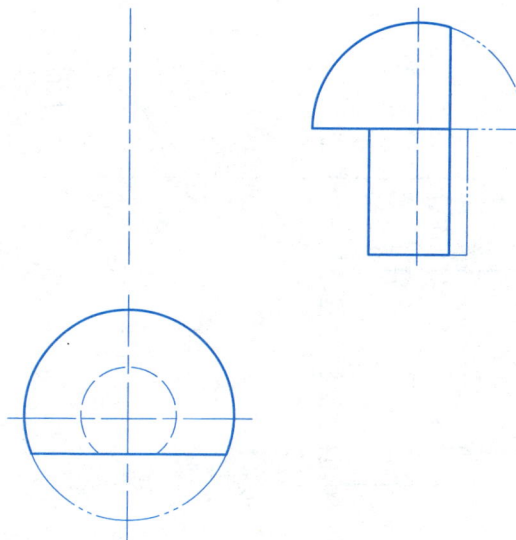

立体图

立体图

立体图

立体图

班级   学号   姓名

4-15 补画相贯线。

(1)
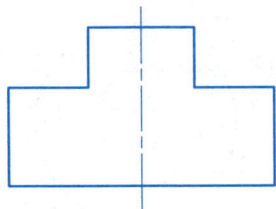 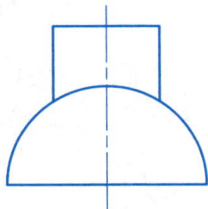
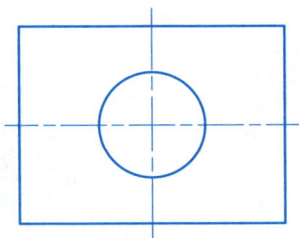

(2)
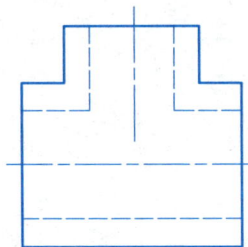 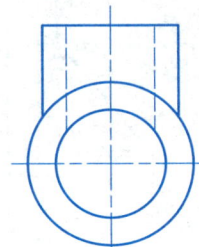
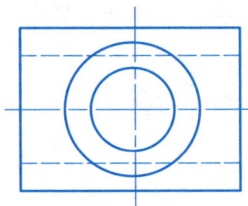
立体图

(3)
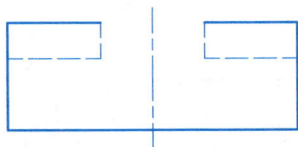 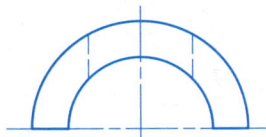
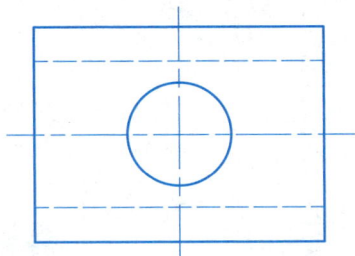
立体图

(4)
 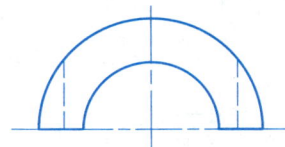
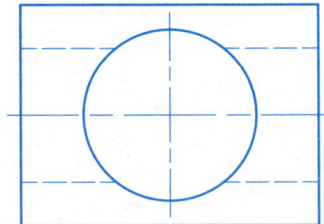
立体图

班级　　　学号　　　姓名

4-16 补全立体三视图。

(1)

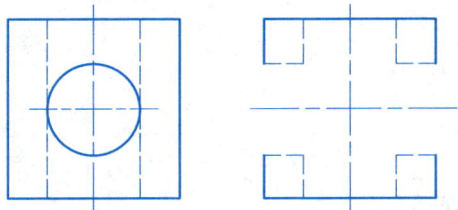

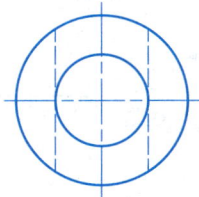 

(2)

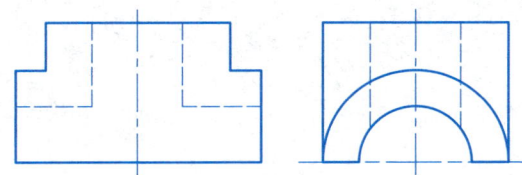

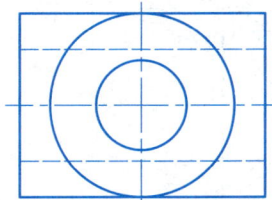

立体图

(3)

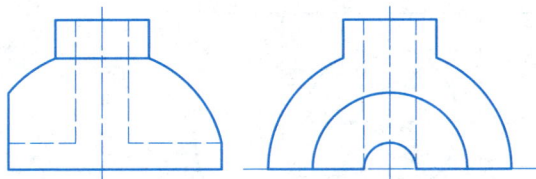

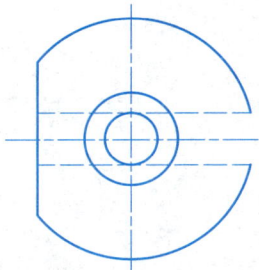 

立体图

(4)

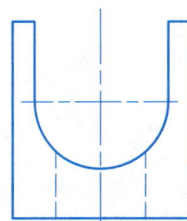

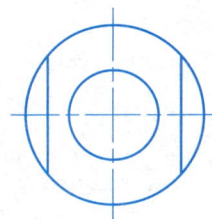

立体图

班级　　　学号　　　姓名

4-17 补画左视图的投影。

(1)

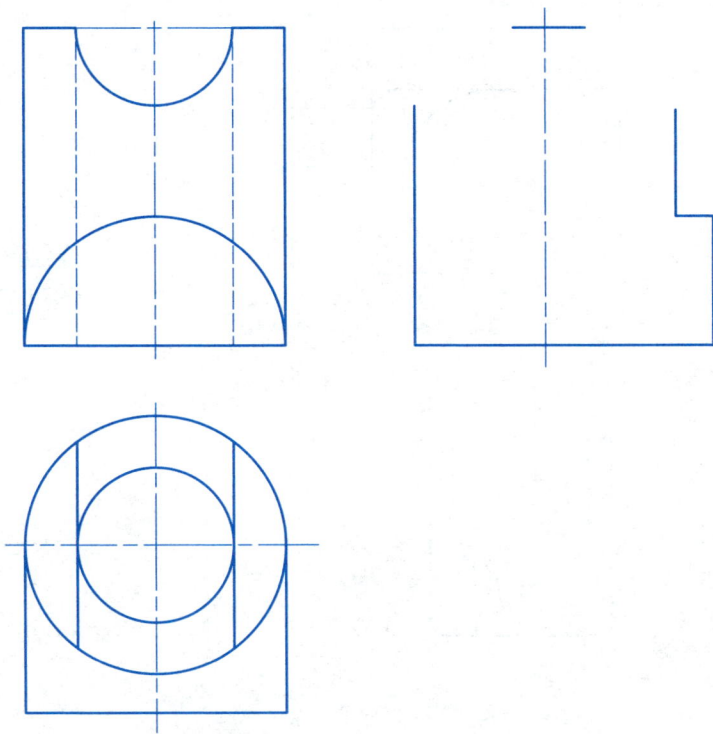

(2)

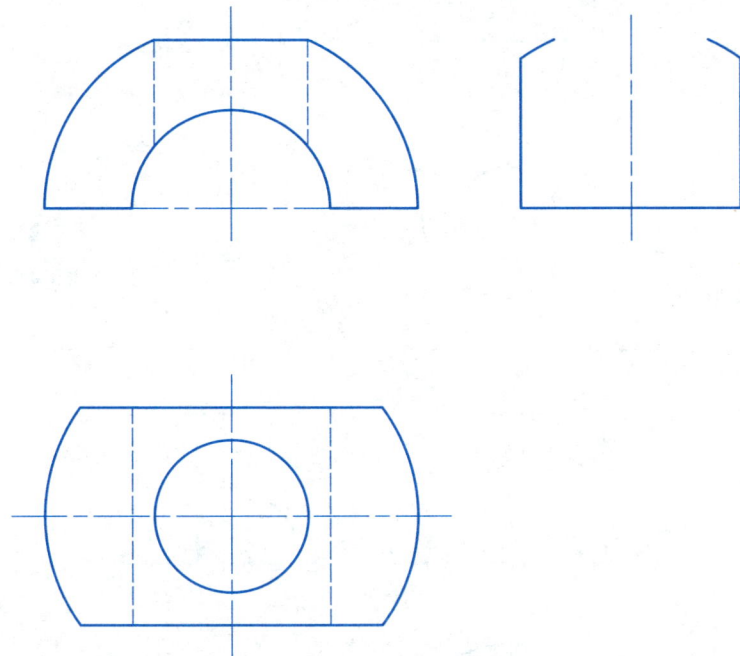

班级   学号   姓名

立体图

立体图

5-1 字体练习。

ABCDEFGHIJKLM　　　NOPQRSTUVWXYZ

abcdefghijklm　　　nopqrstuvwxyz

1234567890RØ　　　1234567890RØ

　班级　　学号　　姓名

5-2 字体练习。

机械制图名称审核比例重量共张

序号单位校院系专业姓名日期数

技术要求班级大学备注件热处理

其余铸造圆角端盖齿轮垫圈箱体

5-3 在下方空格内写出你的愿望。

班级　　　学号　　　姓名

5-4 抄绘下列线型和图形。

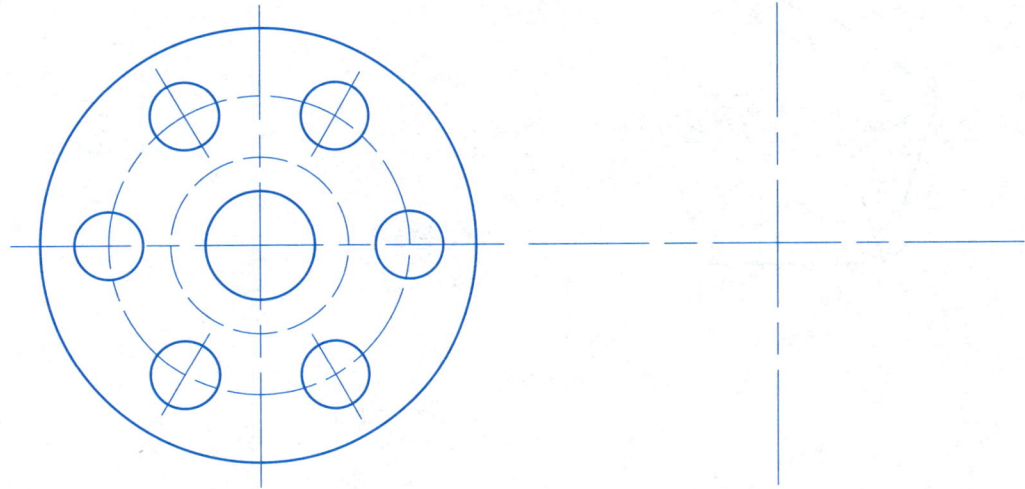

班级　　　　学号　　　　姓名

5-5 按1：1比例在空白处抄画下面的图形。

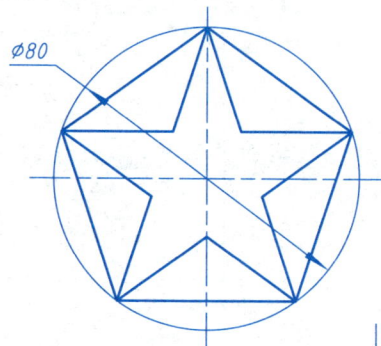

5-6 按1：1比例在空白处画出下列图形（不标注尺寸）。

(1)

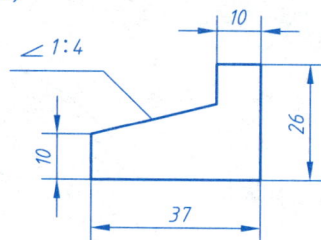

(2)

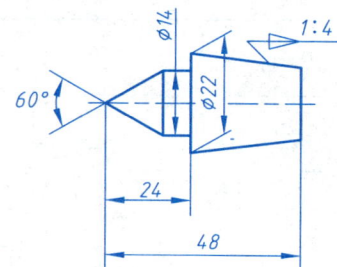

班级　　　　学号　　　　姓名

5-7 在空白处按1：1比例抄画下面的图形，不标注尺寸。	5-8 在空白处按1：1比例抄画下面的图形，不标注尺寸。
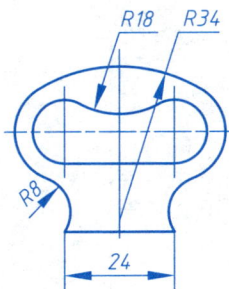	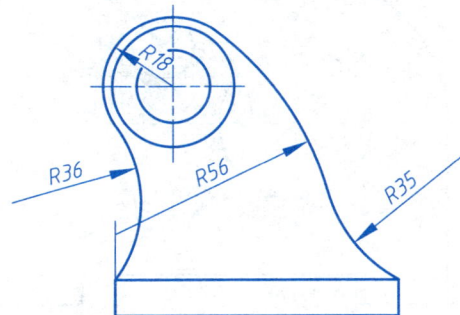

　　班级　　　　学号　　　　姓名

5-9 校核左边图中尺寸注法的错误，并在右边图中正确标出尺寸。

(1)

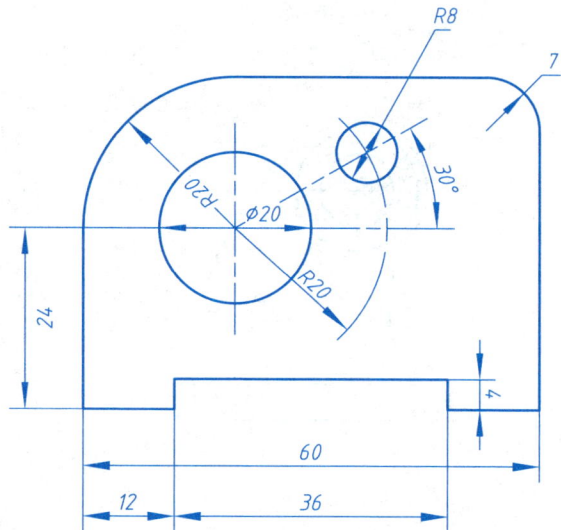

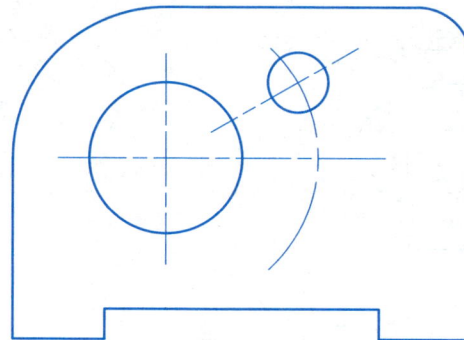

(2)

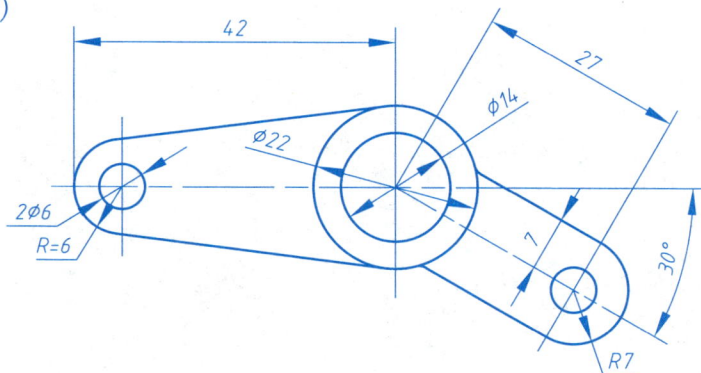

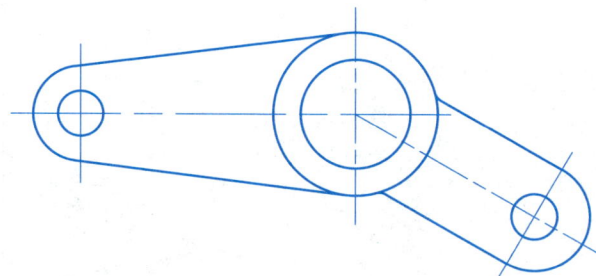

5-10 在平面图形上用1：1的比例度量后，标注尺寸（取整数）。

(1)

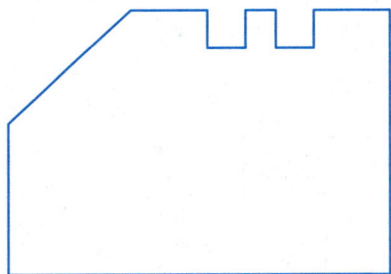

(2)

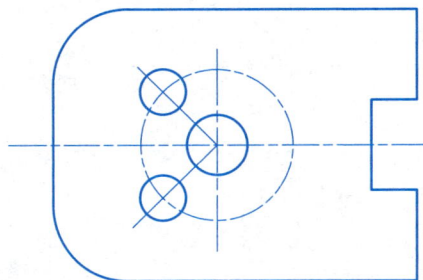

(3)

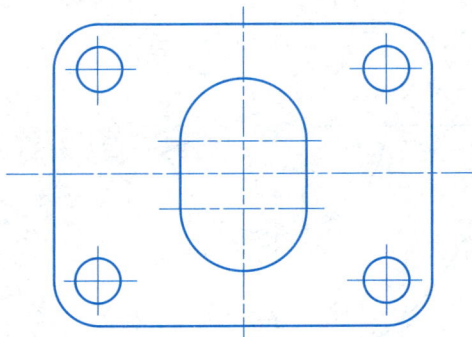

(4)

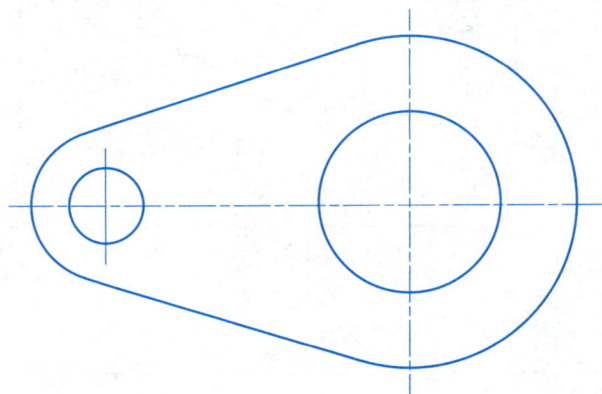

　　班级　　　　学号　　　　姓名

5-11 根据图中所标注的尺寸，按1：1比例将下图抄画在A3图纸上。

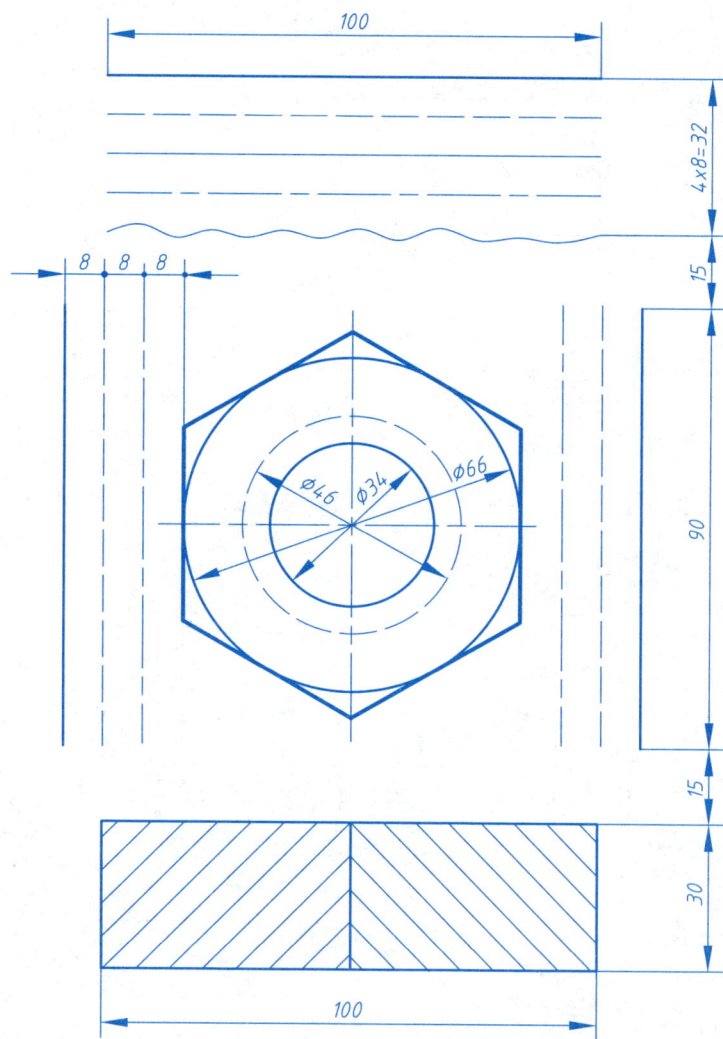

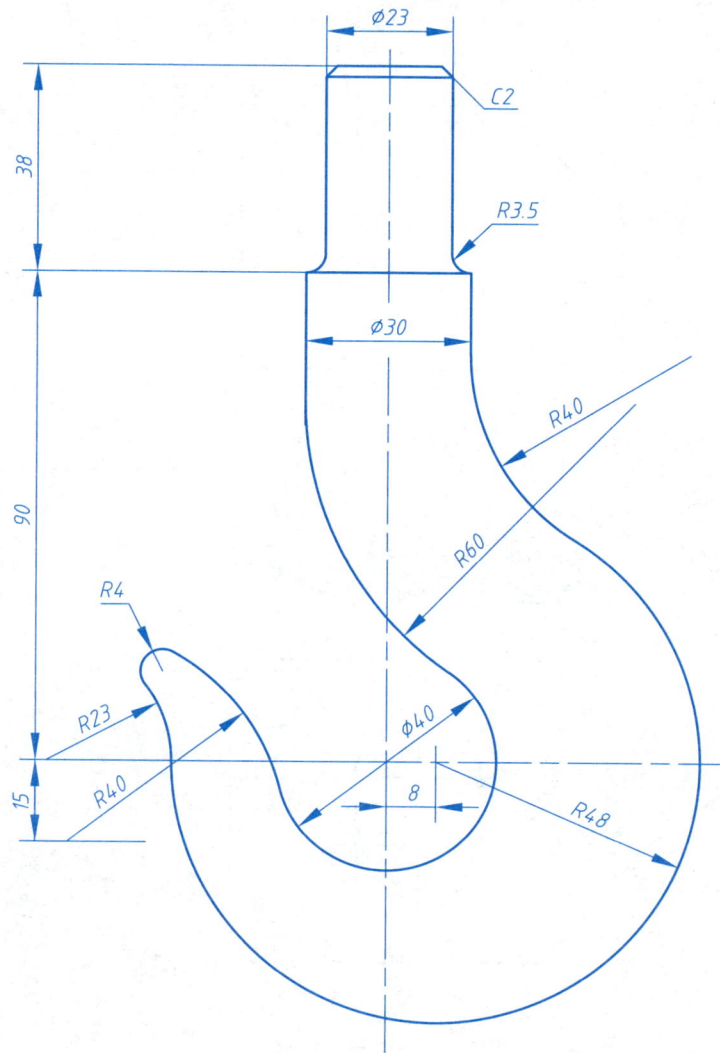

　班级　　　学号　　　姓名

5-12 根据图中所标注的尺寸，按1：1比例将下图抄画在A3图纸上。

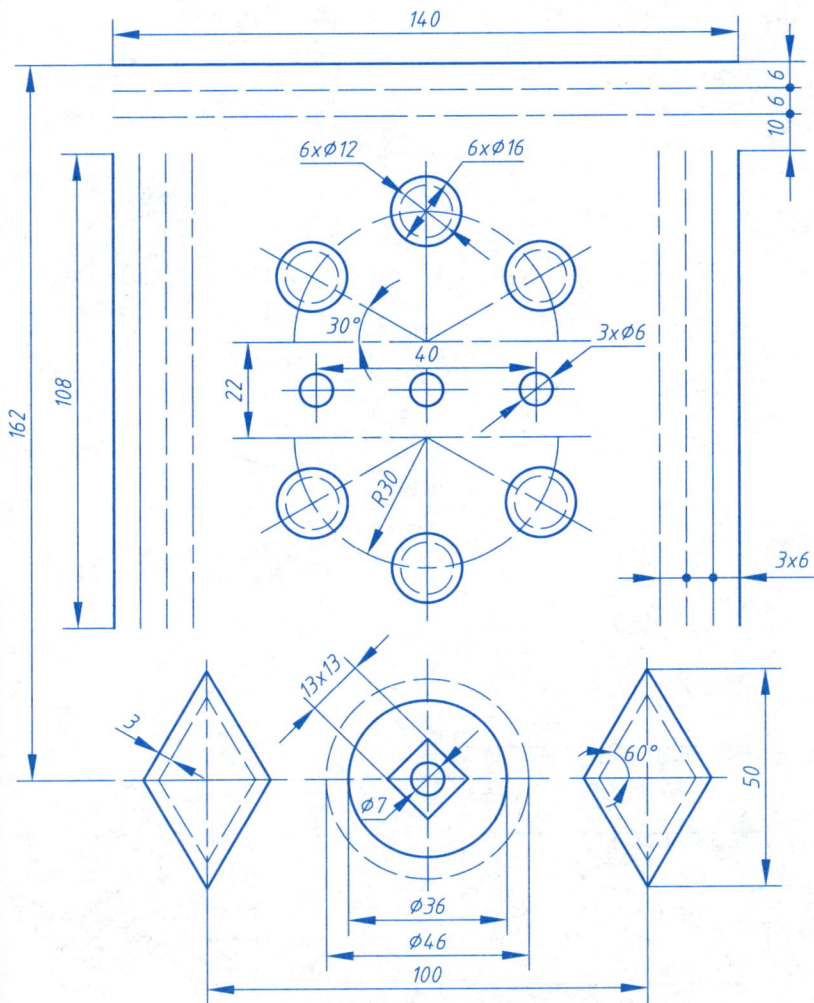

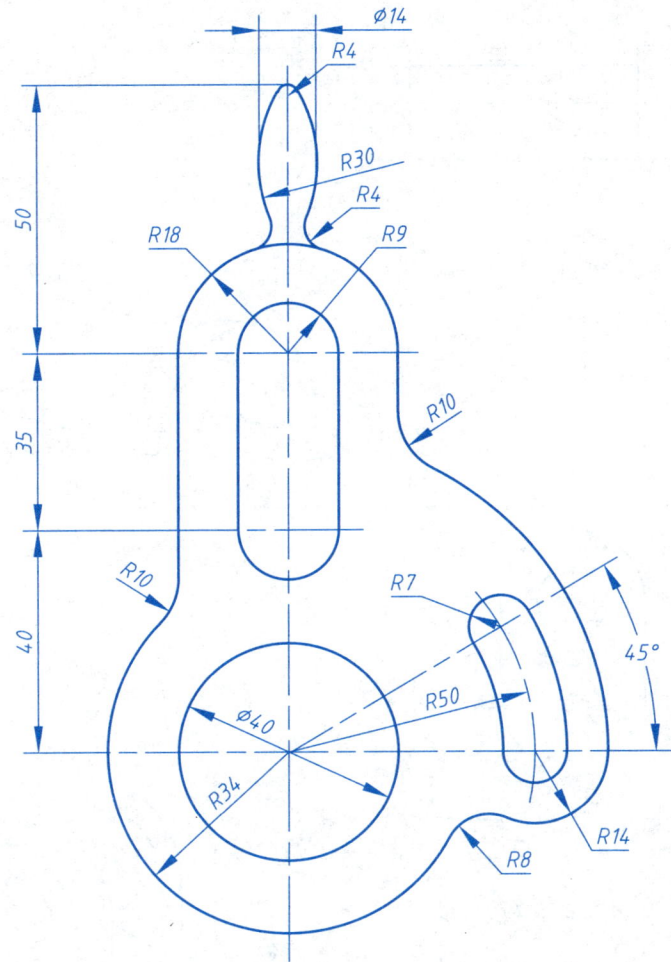

班级   学号   姓名

6-1 根据立体轴测图，完成三视图（孔为通孔）。

(1)

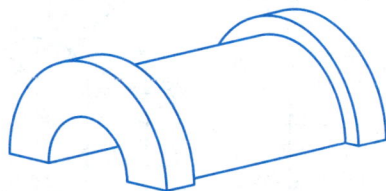

(2)

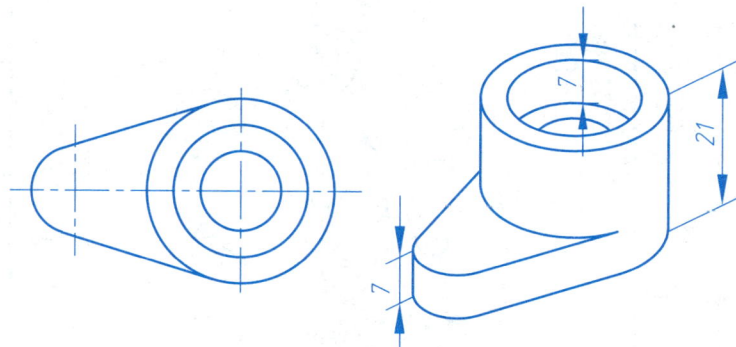

(3)

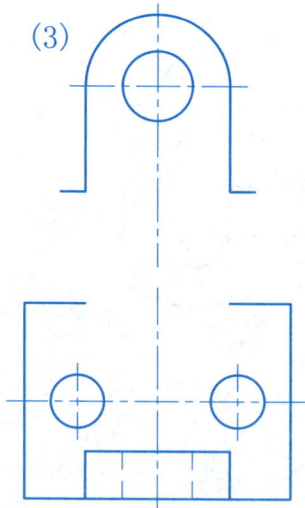

(4)

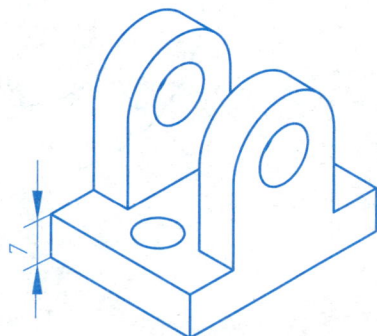

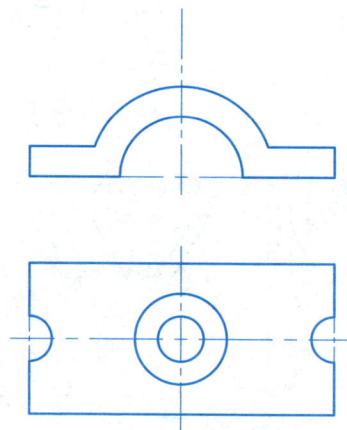

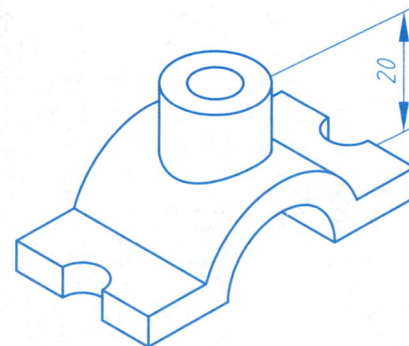

　　班级　　　　学号　　　　姓名

6-2 根据立体轴测图，补画下列视图中缺漏的线（槽为通槽，孔为通孔）。

(1)
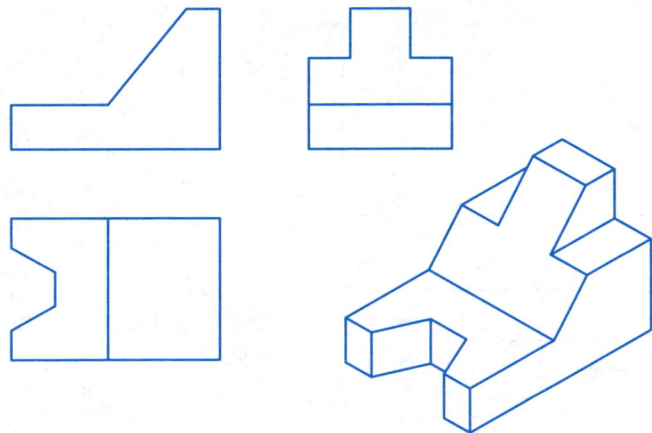

(2)
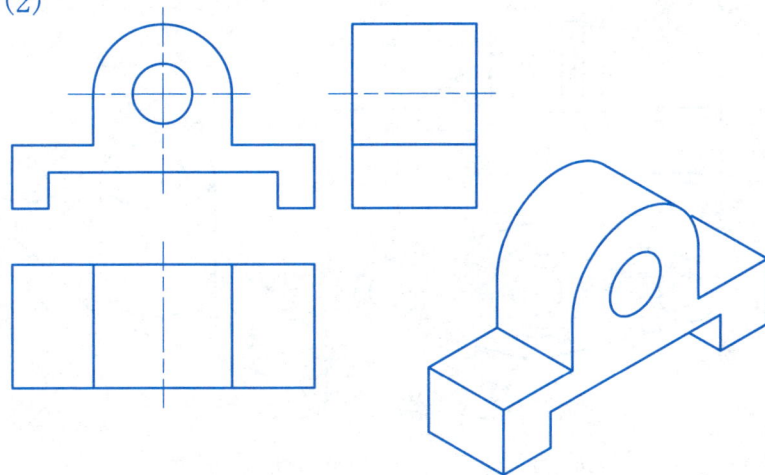

(3)
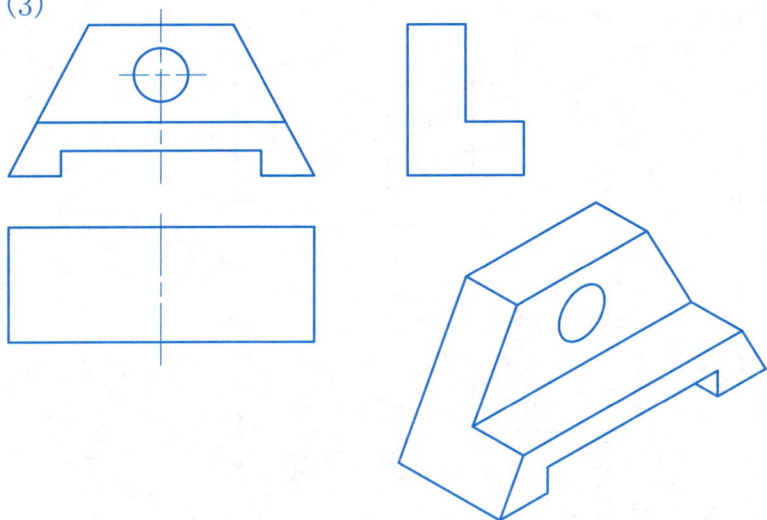

(4)
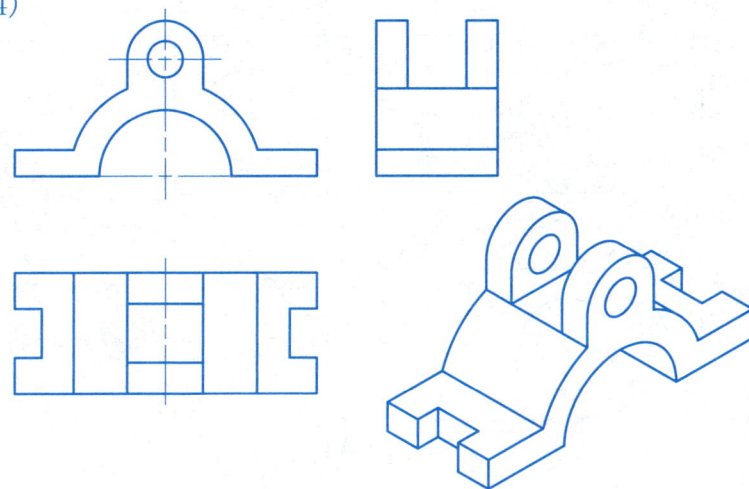

班级   学号   姓名

6-3 补画下列视图中缺漏的线（槽为通槽，孔为通孔）。

(1)

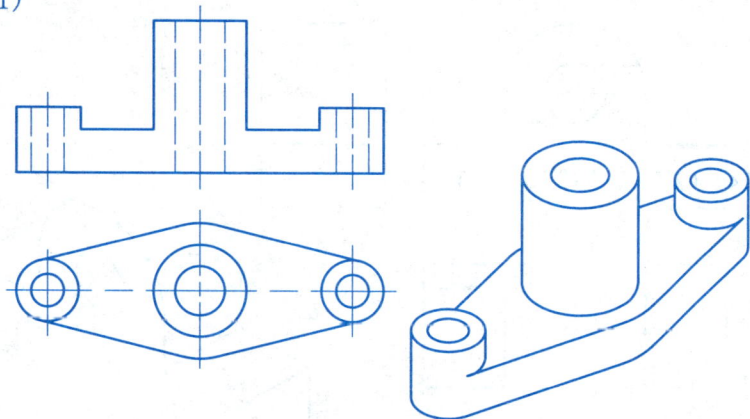

(2)

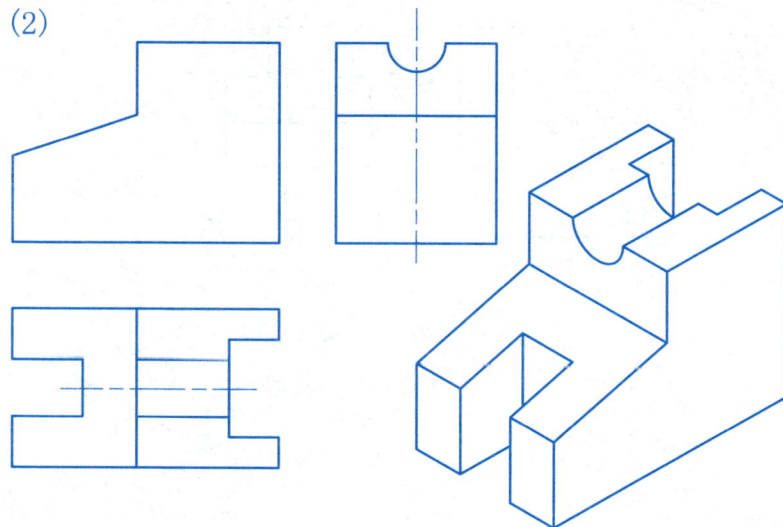

(3)

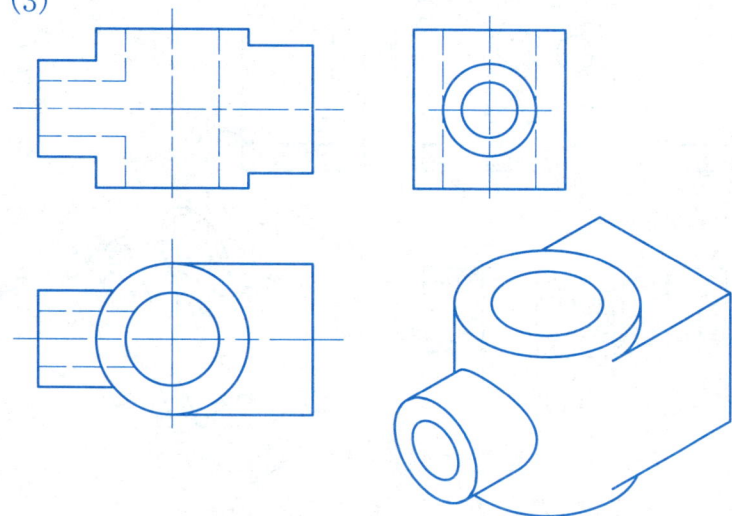

(4)

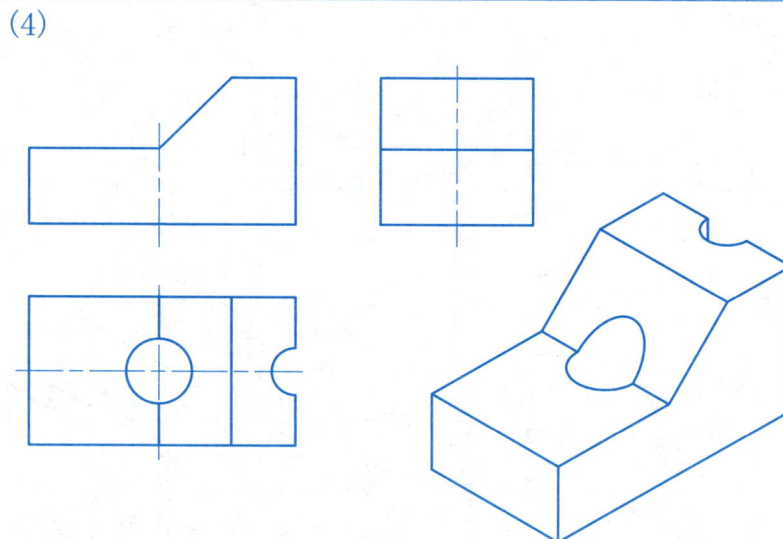

　　班级　　　　　学号　　　　　姓名

6-4 根据轴测图上所给的尺寸，用1：2的比例，画出组合体的三视图。

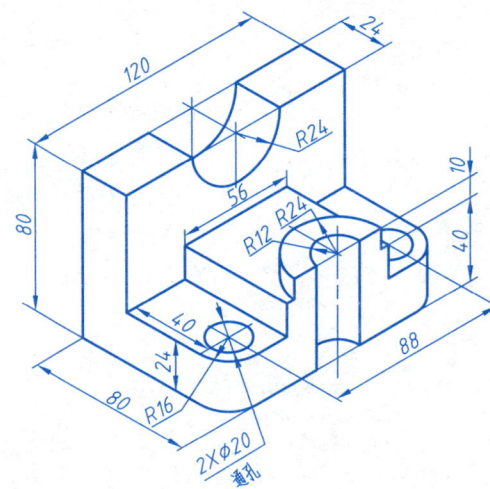

班级　　　学号　　　姓名

6-5 根据轴测图上所给的尺寸，用1：2的比例，画出组合体的三视图。

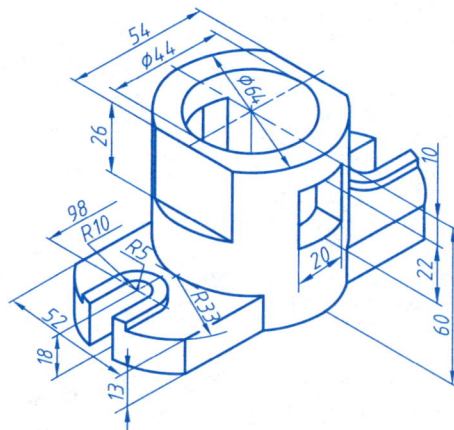

班级　　　　学号　　　　姓名

6-6 根据给出的主、俯视图，设计不同的立体，画出其左视图。

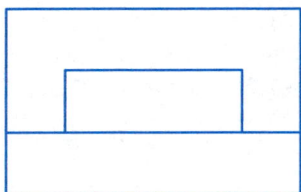

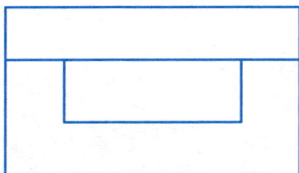

6-7 根据给出的主视图，设计不同的立体，画出其俯、左视图。

(1)

(2)

(3)

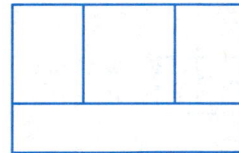

班级　　　　学号　　　　姓名

6-8 已知物体的主、俯视图，绘制其正等轴测图。

(1)

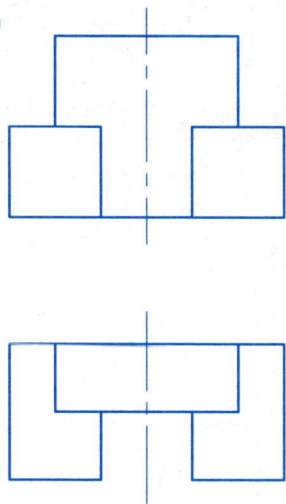

(2)

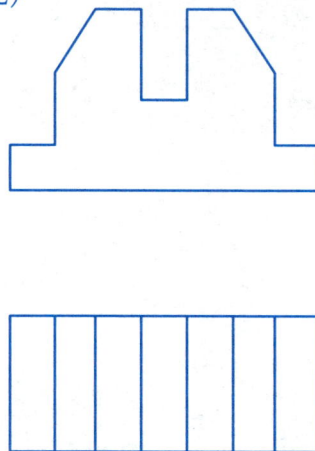

(3)

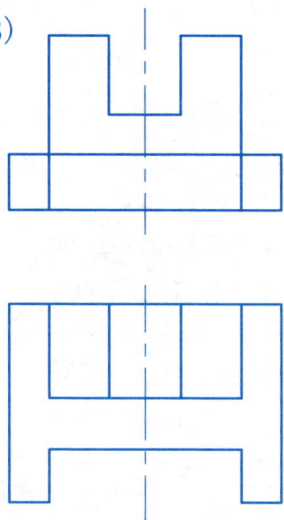

(4)

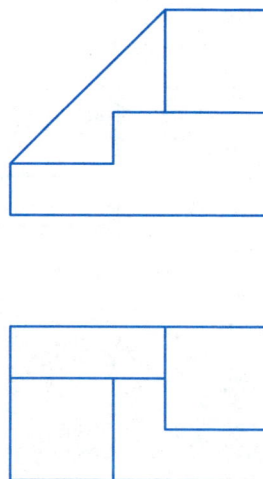

班级　　　学号　　　姓名

6-9 已知物体的主、俯视图，绘制其正等轴测图。

(1)

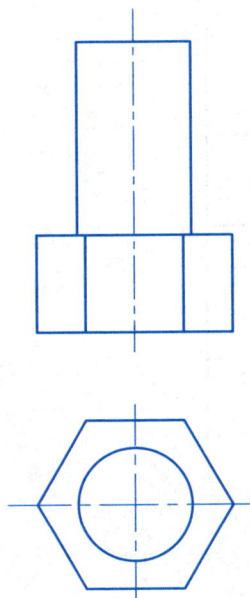

(2)

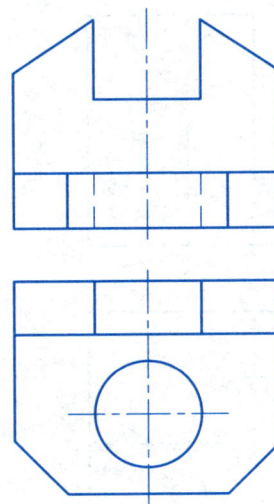

班级   学号   姓名

6-10 已知物体的主、俯视图，绘制其正等轴测图。

(1)

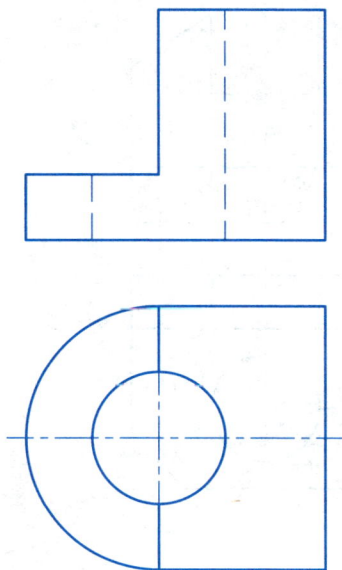

(2)

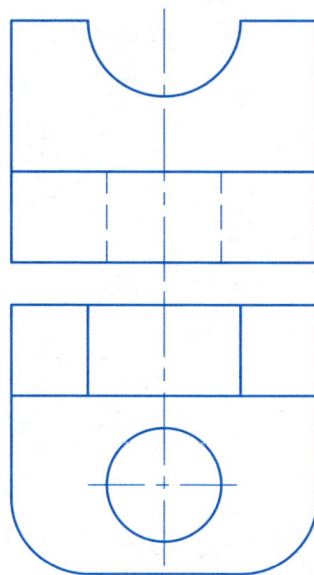

班级　　　学号　　　姓名

6-11 标注立体的尺寸，数值按1：1的比例量取并取整。

(1)

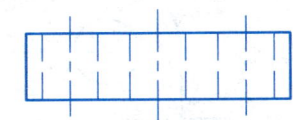

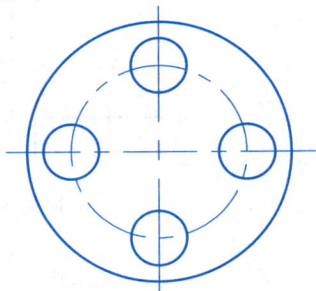

(2)

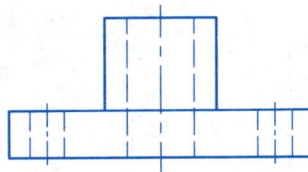

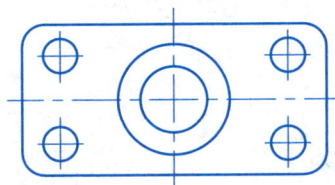

(3)

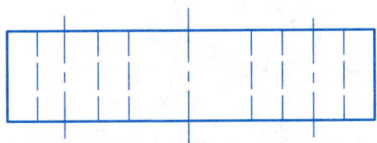

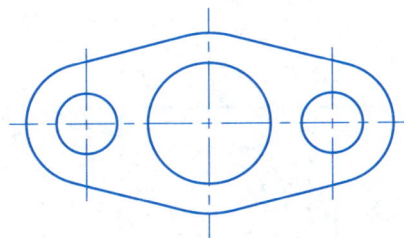

(4)

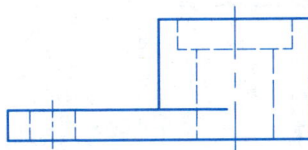

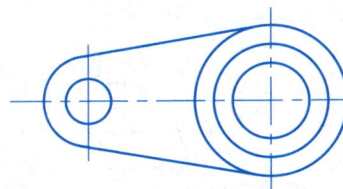

　　班级　　　　学号　　　　姓名

6-12 标注立体的尺寸，数值按1：1的比例在图上量取并取整。

(1)

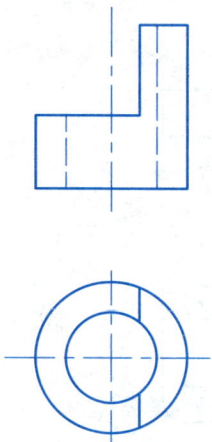

(2)

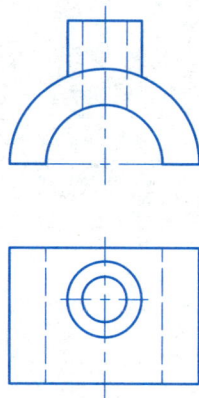

(3)

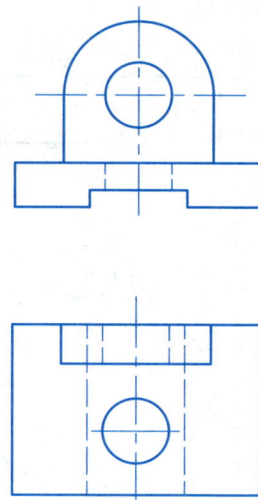

(4)

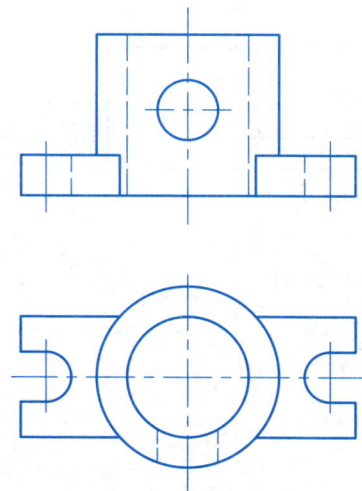

(5)

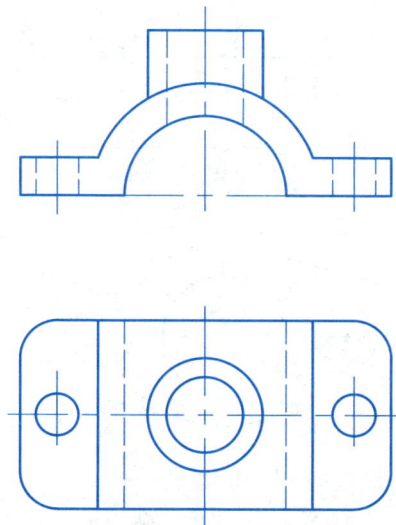

班级　　　　　学号　　　　姓名

6-13 标注立体的尺寸，数值按1：1的比例在图上量取并取整。

(1)

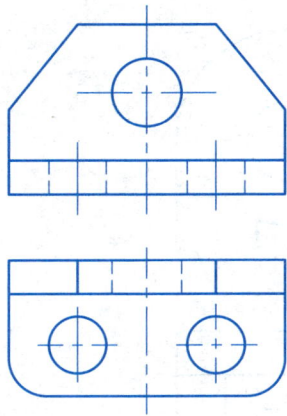

(2)

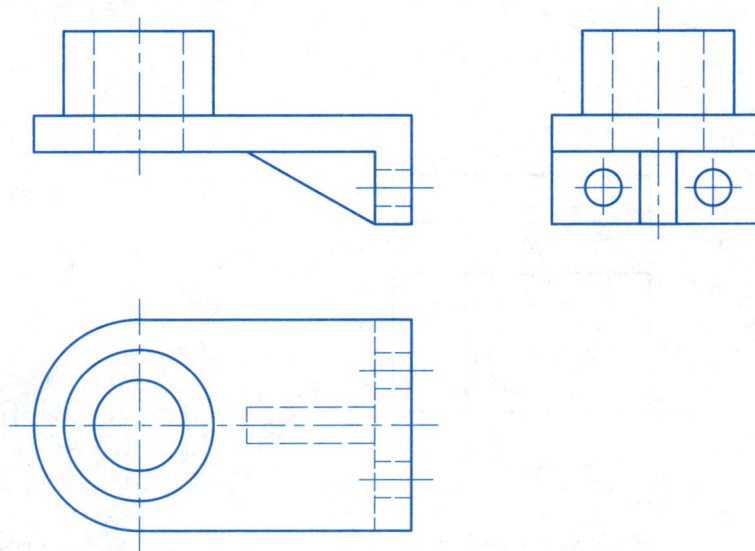

(3)

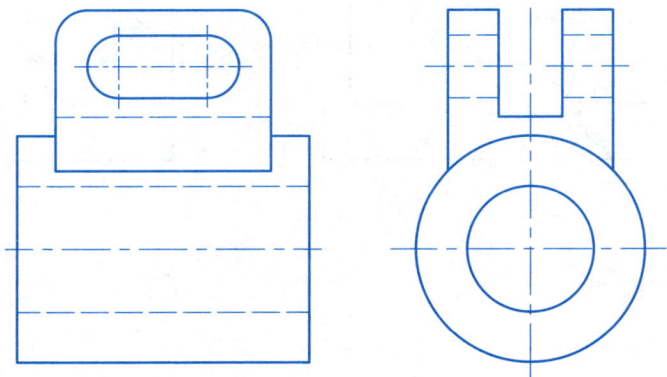

(4)

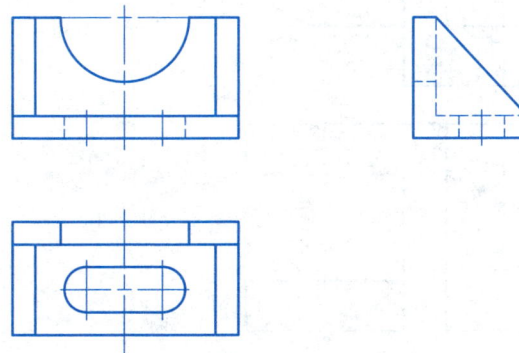

　　班级　　　　学号　　　　姓名

6-14 根据两视图，补画第三视图。

(1)

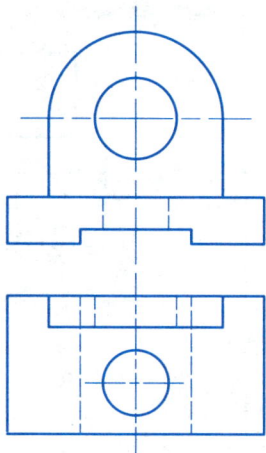

立体图

(2)

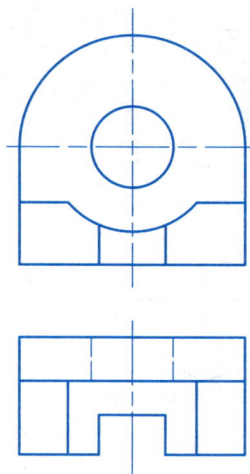

立体图

(3)

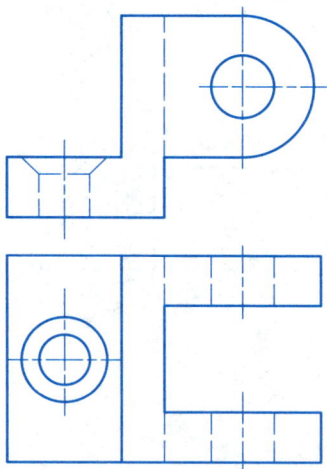

立体图

(4)

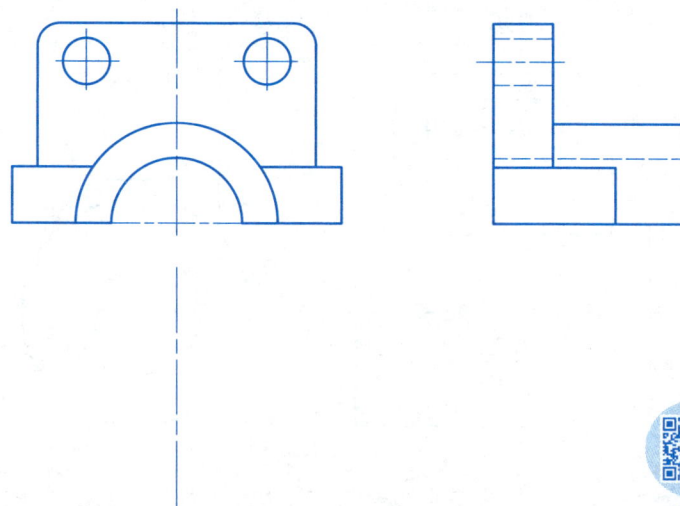

立体图

班级　　　　学号　　　　姓名

6-15 根据两视图，补画第三视图。

(1)

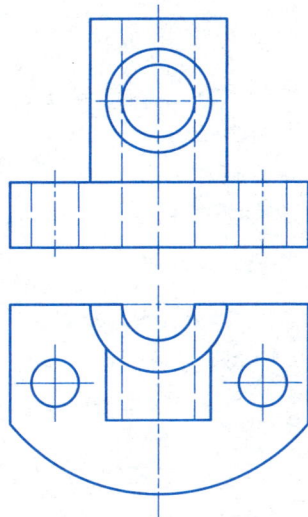

(2)

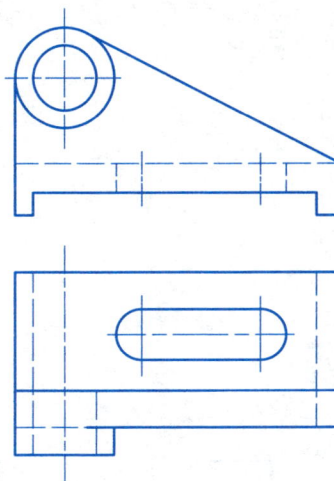

立体图

(3)

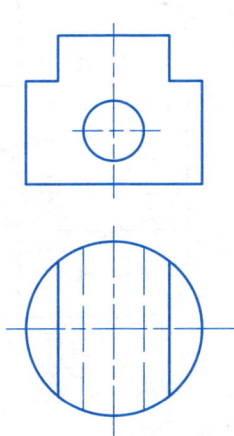

(4)

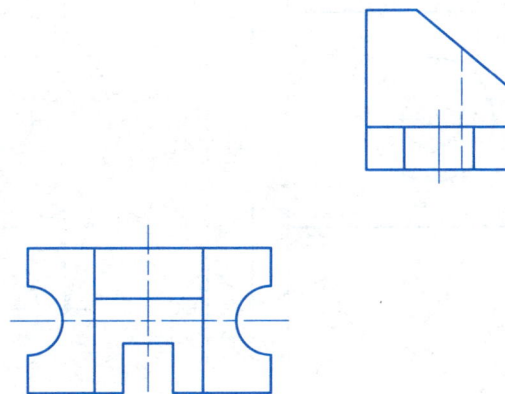

立体图

　　班级　　　学号　　　姓名

6-16 根据两视图，补画第三视图。

(1)

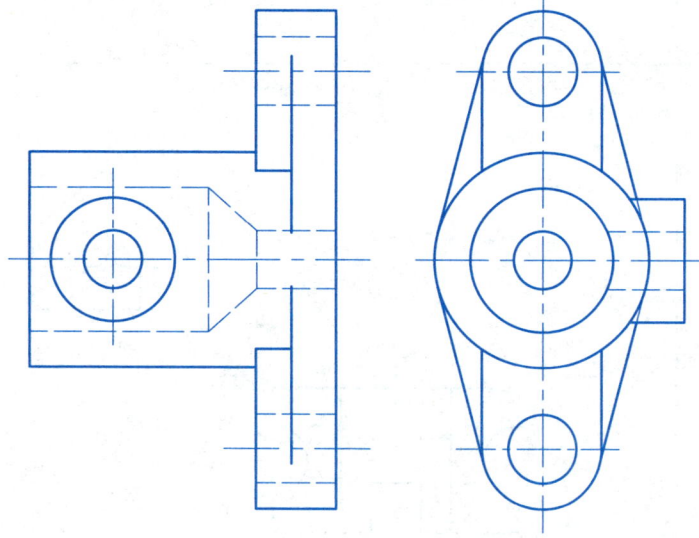

(2)

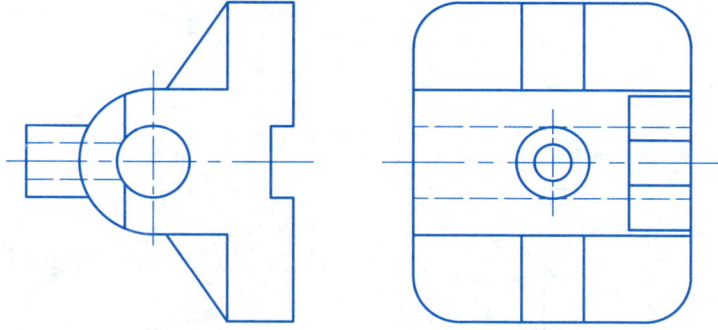

班级　　　学号　　　姓名

6-17 补全主视图中的漏线。

(1)

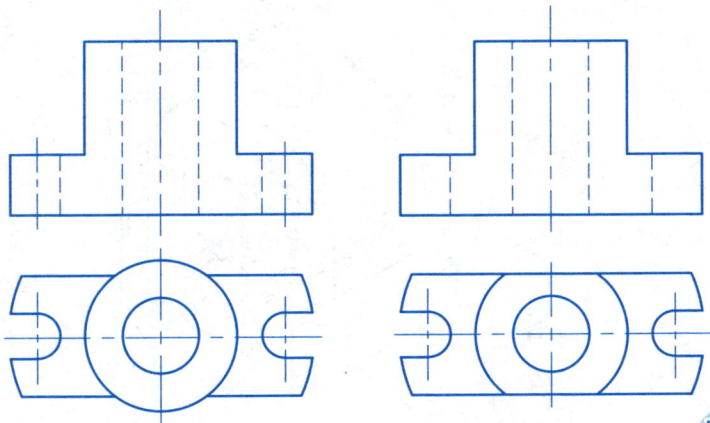

(2)

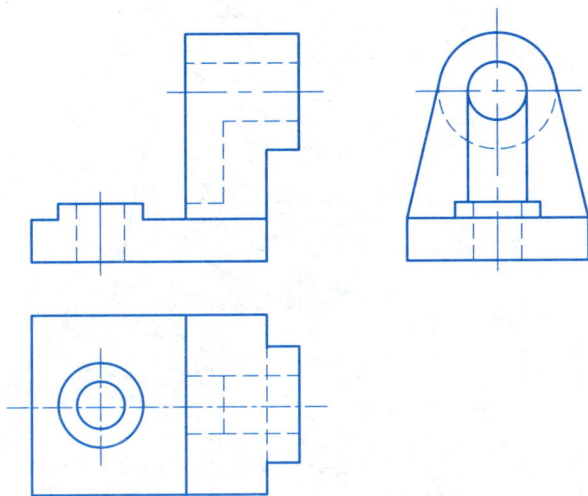

6-18 选出正确的左视图。

(1)

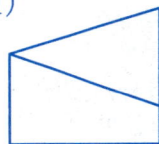 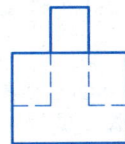 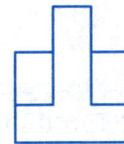 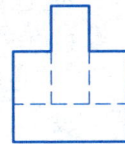

(A)　　　　　(B)　　　　　(C)

正确左视图为（　　）

(2)

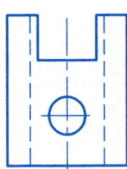 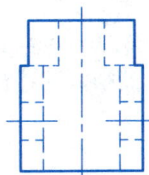 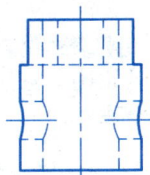 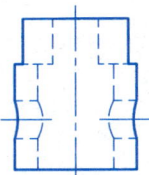

(A)　　　　　(B)　　　　　(C)

正确左视图为（　　）

(3)

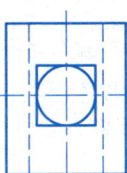 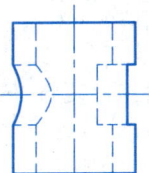 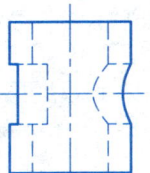 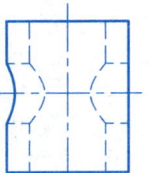

(A)　　　　　(B)　　　　　(C)

正确左视图为（　　）

班级　　　学号　　　姓名

第一次大作业　　组合体三视图

1. 内容

　　根据轴测图绘制组合体的三视图，并标注尺寸。本作业给出了两个模型的轴测图，学生可任选一个完成。

2. 要求

　　(1) 图名为组合体三视图，图幅为A3图纸，比例为1：1。

　　(2) 完整表达组合体的内外部结构形状，尺寸标注要正确、完整、清晰，并符合最新国家标准的规定。

3. 绘图步骤与注意事项

　　(1) 对所要绘制的组合体进行形体分析，确定主视图的投影方向。根据轴测图所示尺寸大小布置三视图位置（注意：视图之间要预留标注尺寸的位置）。以细实线画出各视图的中心线、轴线和底面（顶面）的位置线。

　　(2) 标注尺寸时应注意不要照搬轴测图上的尺寸注法，应重新考虑视图尺寸的合理性，以尺寸正确、完整和清晰为原则。

　　(3) 完成底稿，经仔细校核后再对图线进行加深。

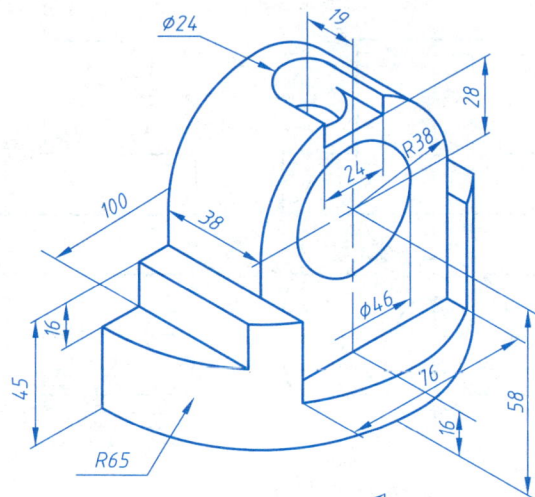

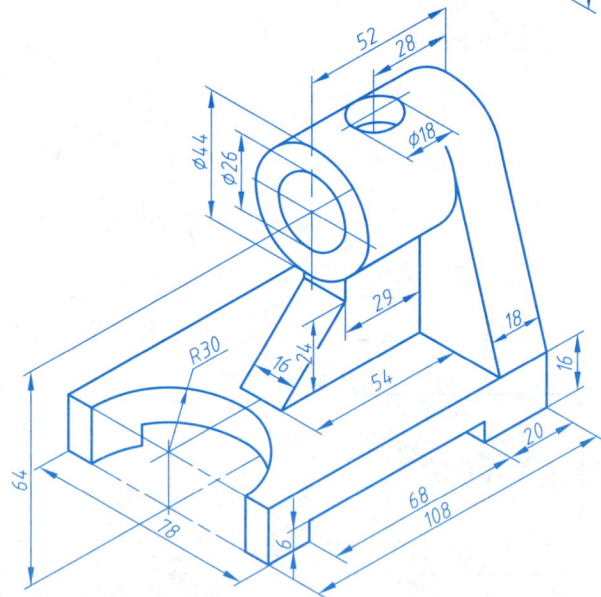

　　　班级　　　　学号　　　　姓名

第7章　机件的表达方法

7-1 已知物体的主、俯、左视图，按照基本视图的配置画出它的右、仰、后视图。

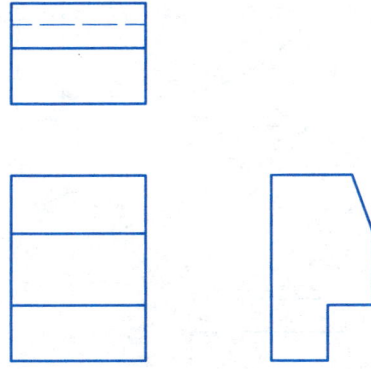

7-2 画出机件A向斜视图和B向局部视图。

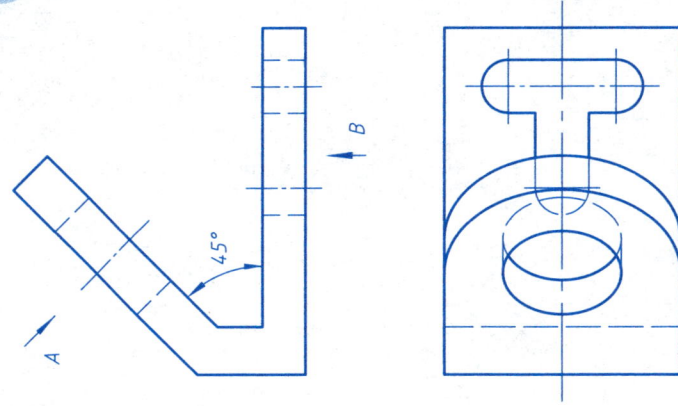

立体图

45°

A

B

・71・　班级　　学号　　姓名

7-3 按照箭头所指方向，在指定位置上画出相应的向视图。

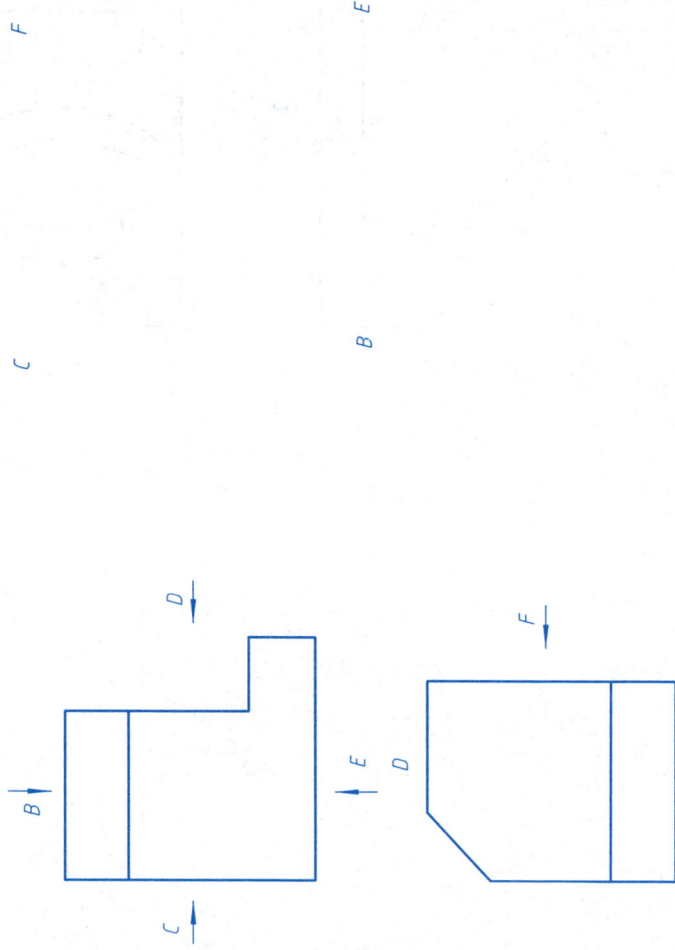

F

E

C

B

A

D

E

D

B

C

F

7-4 画出机件的A向局部视图。

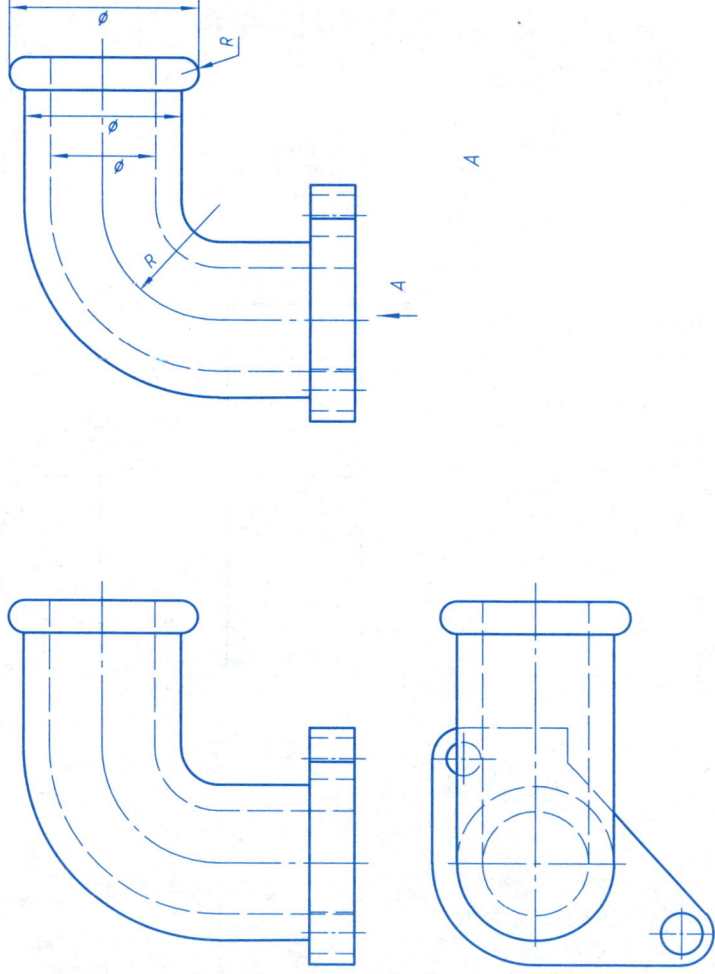

φ

φ

φ

R

R

A

A

班级　　　　学号　　　　姓名

7-5 改正下列全剖视图的错误（补画所缺图线，多余图线打"×"）。

(1)
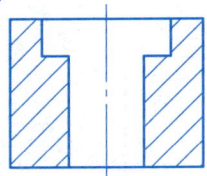
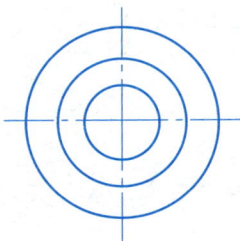

(2)
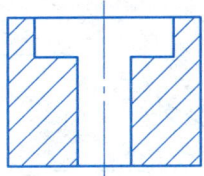
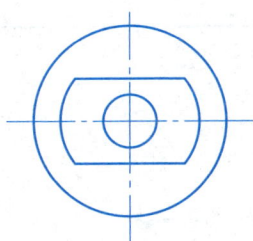

(3)
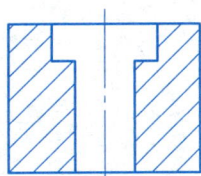
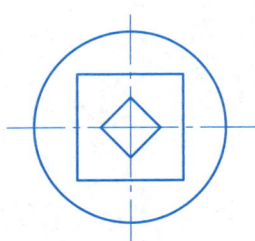

(4)
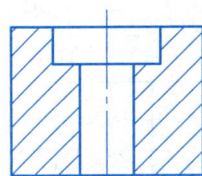
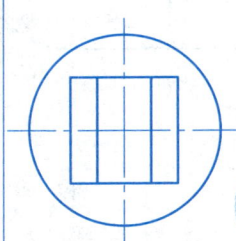
立体图

(5)
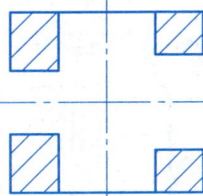
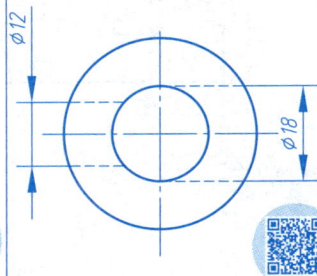
Ø12
Ø18
立体图

(6)
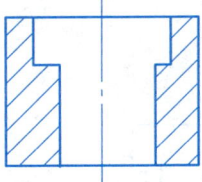
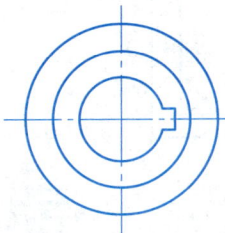

(7)
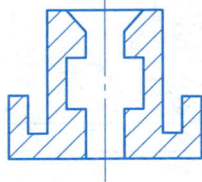

立体图

(8)
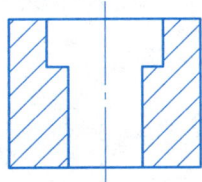
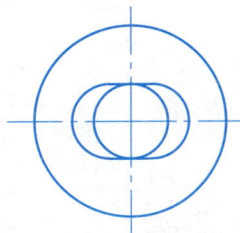

(9)
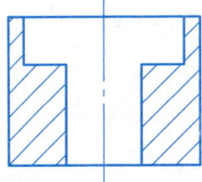
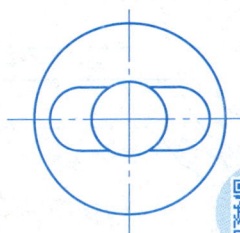
立体图

(10)
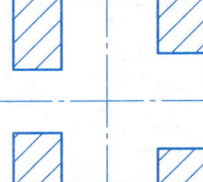
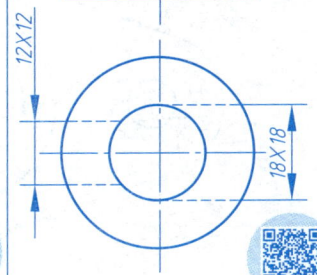
12X12
18X18
立体图

　　班级　　　　学号　　　　姓名

7-6 将主视图改画为全剖视图。

(1)

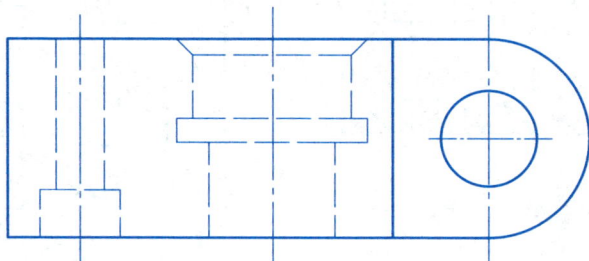

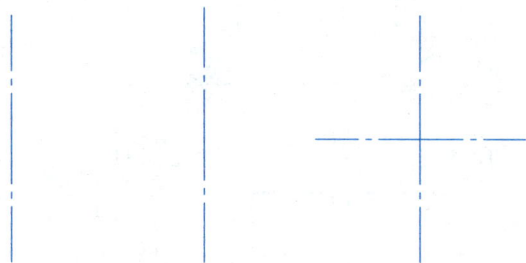

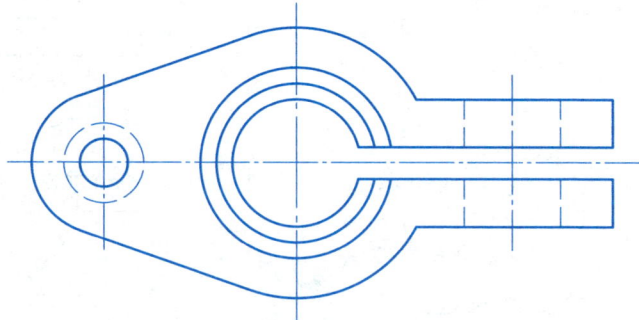

(2)

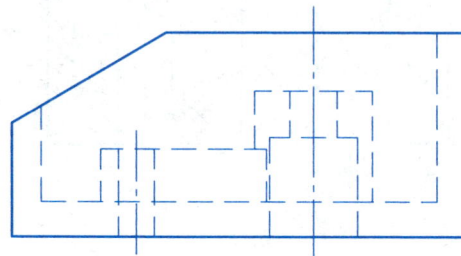

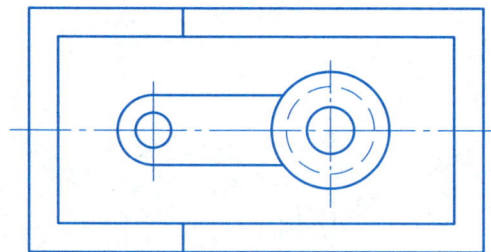

班级   学号   姓名

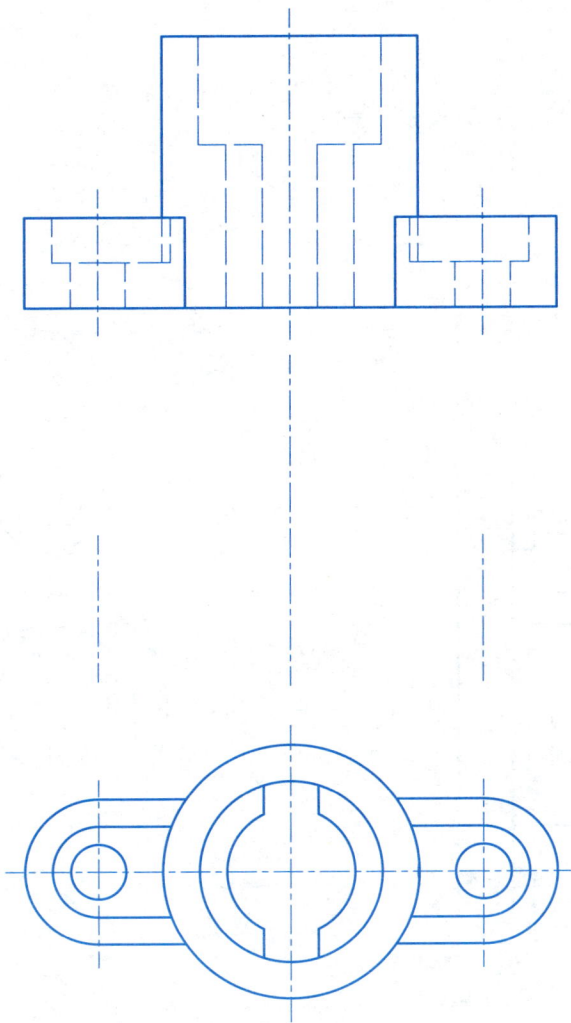

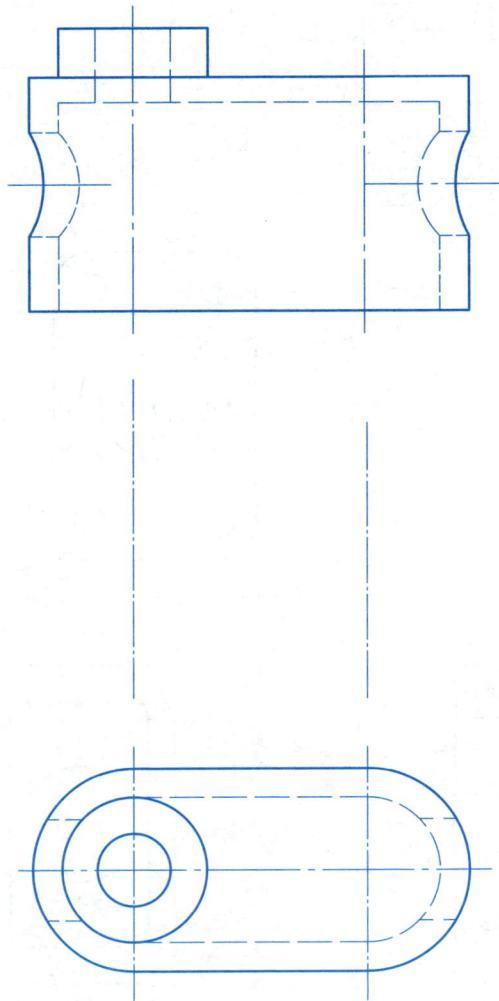

7-7 将主视图改画为全剖视图。

(1)

(2)

　　班级　　　　学号　　　姓名

7-9 将主视图表达为半剖视图。

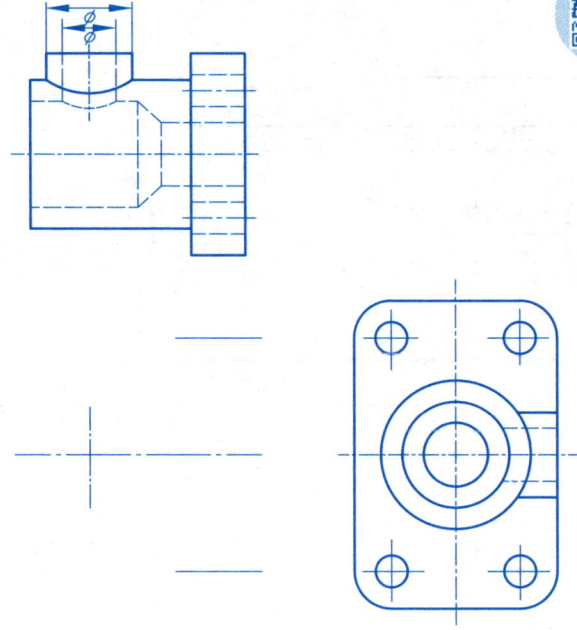

7-8 将主视图改画为半剖视图。

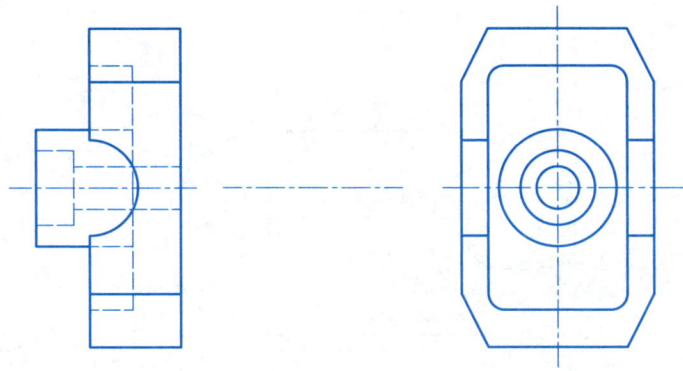

7-10 将图示立体的主视图画成半剖视图，左视图画成全剖视图。

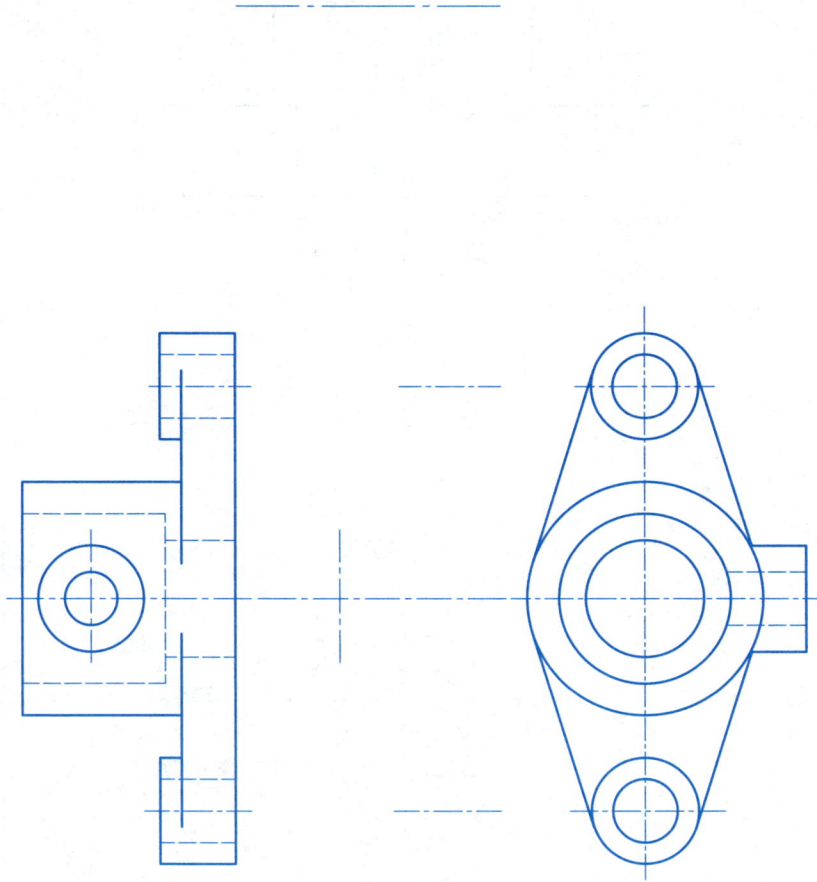

班级　　　　学号　　　　姓名

7-11 在指定位置处把视图改画成局部剖视图。

(1)

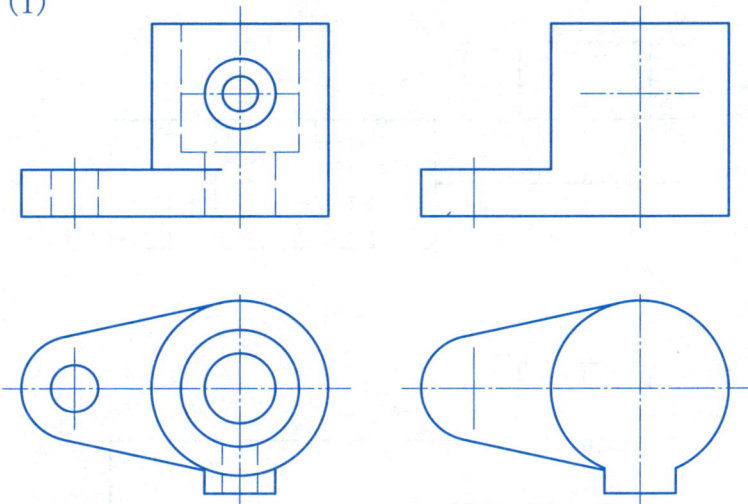

(2)

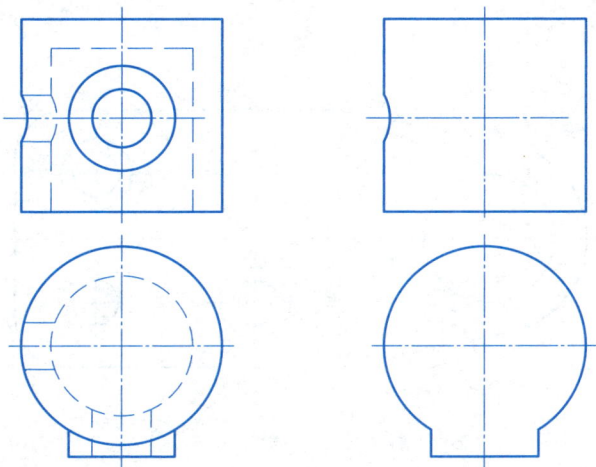

7-12 将主视图和俯视图改为适当的局部剖视图。

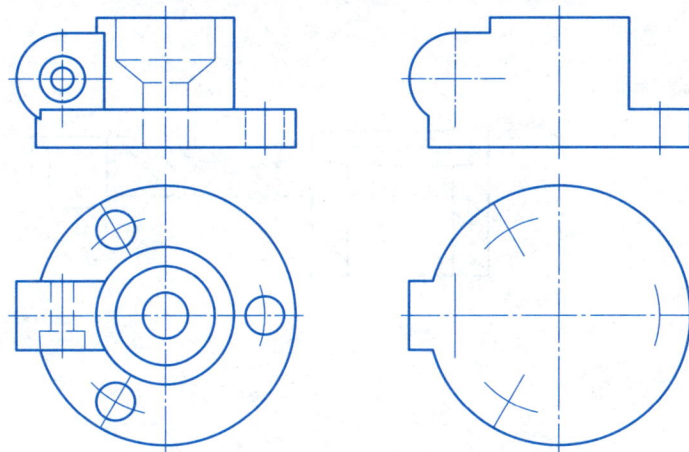

7-13 将主视图和俯视图改为适当的局部剖视图。

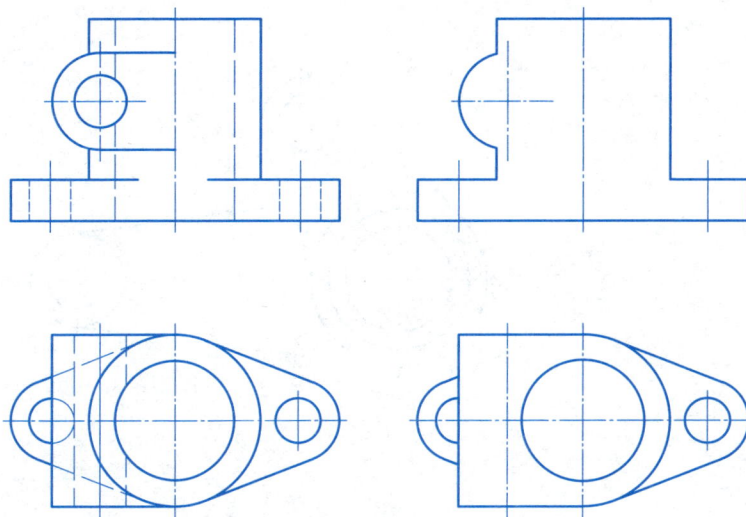

　　班级　　　学号　　　姓名

7-14 在指定位置处画出A—A全剖视图。

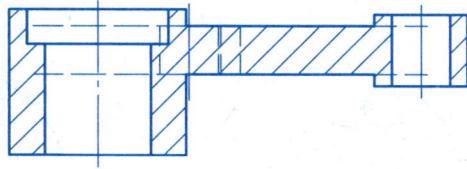

A—A

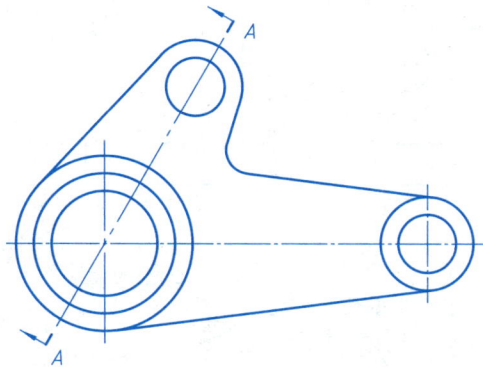

7-15 用平行平面剖切机件，作全剖视图。

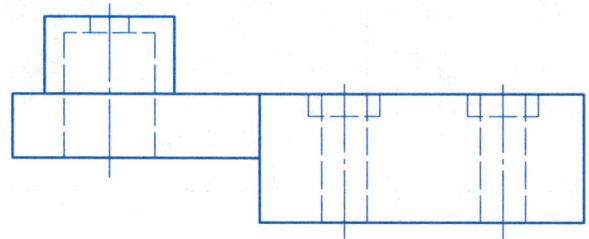

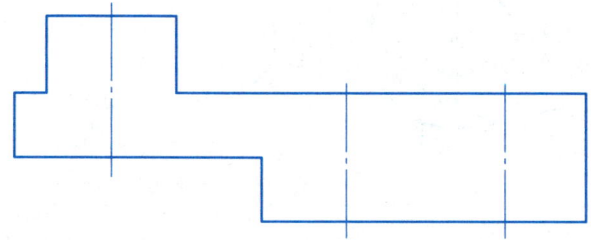

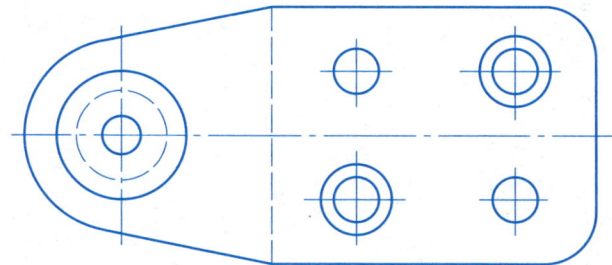

立体图

班级　　　　学号　　　　姓名

7-16 用平行平面剖切机件，作全剖视图。

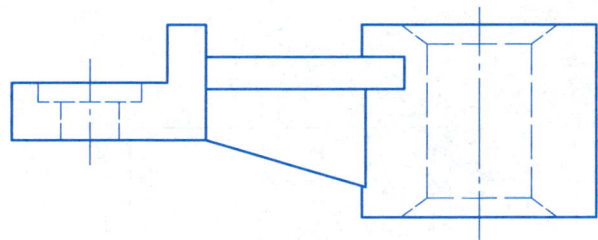

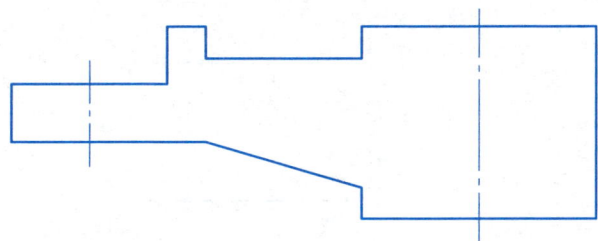

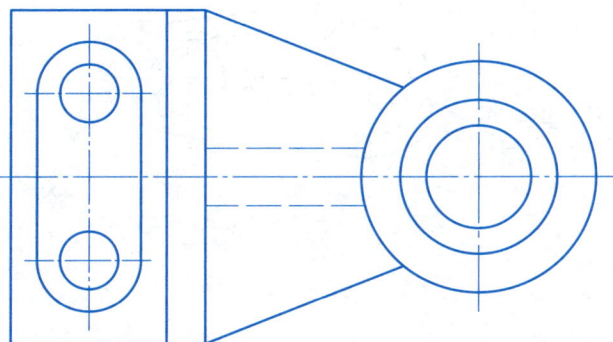

7-17 用平行平面剖切机件，将主视图改画为全剖视图。

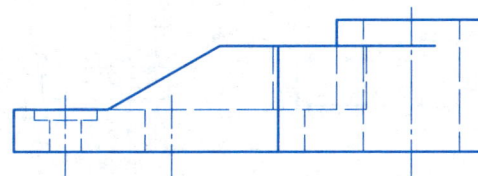

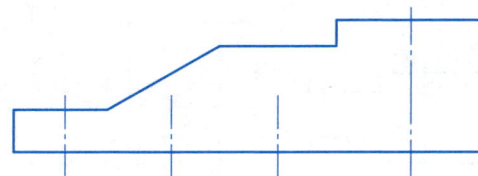

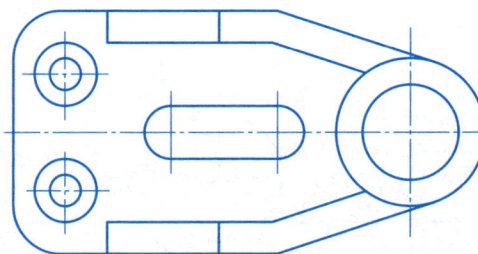

班级　　　　学号　　　　姓名

立体图

7-18 用相交平面剖切机件，将主视图改画为全剖视图。

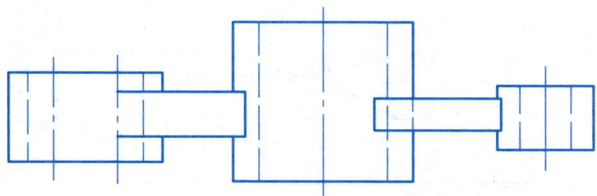

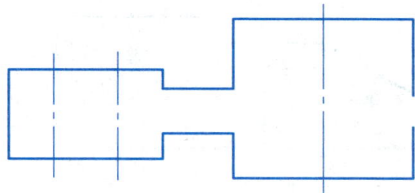

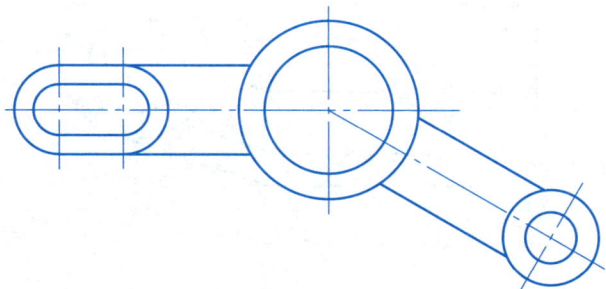

7-19 用相交平面剖切机件，将主视图改画为全剖视图。

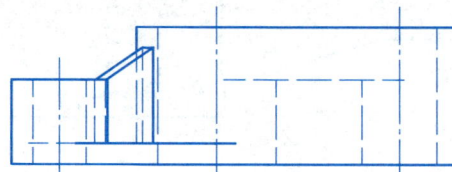

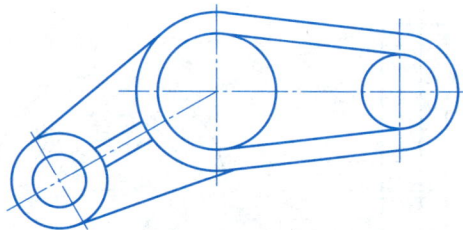

班级　　　　　学号　　　　姓名

7-20 判断下列各断面图形，正确的用"√"表示，错误的用"×"表示。

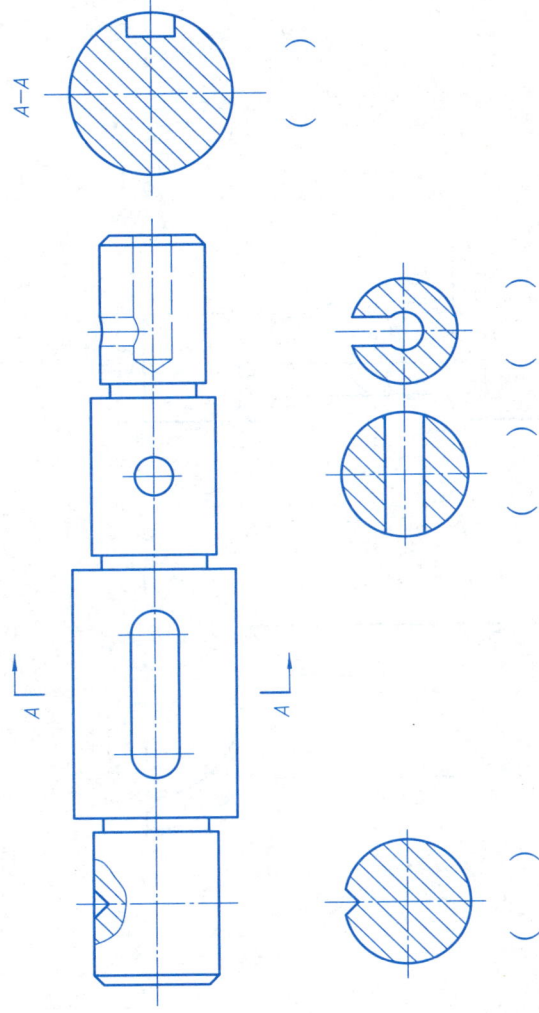

7-21 在指定的剖切位置画出机件的移出断面图（键槽深4 mm）。

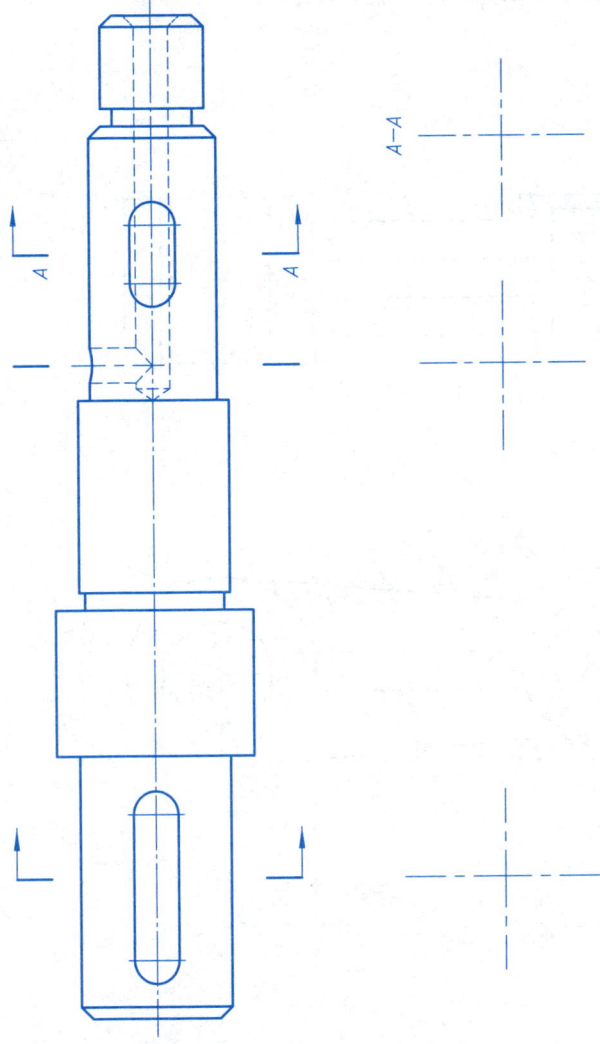

A—A

A—A

　　班级　　　学号　　　姓名

7-22 在主视图上画出十字筋的重合断面图。

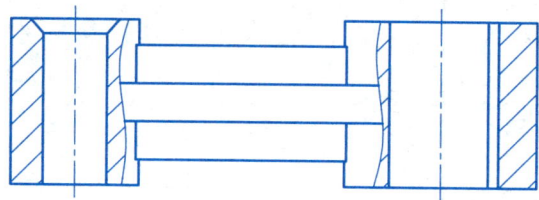

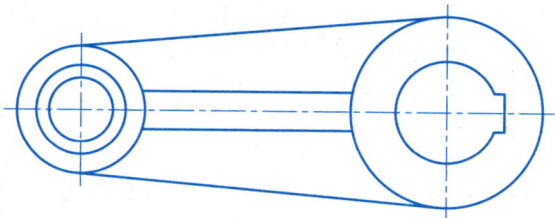

7-23 按规定剖切符号，画出机件的移出断面图。

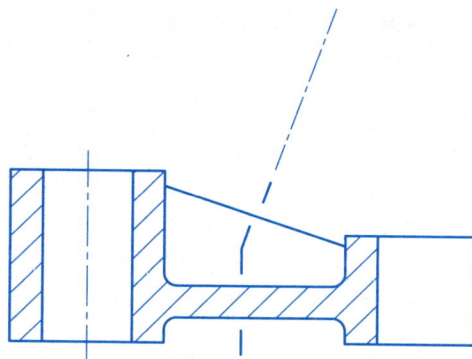

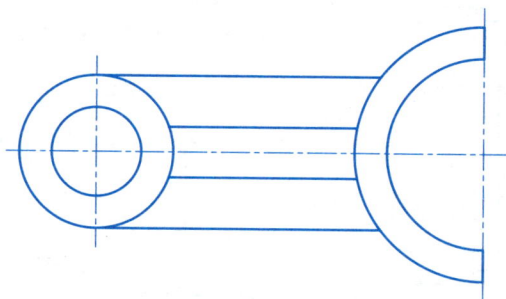

班级　　　　　学号　　　　　姓名

7-24 将主视图改画成全剖视图。

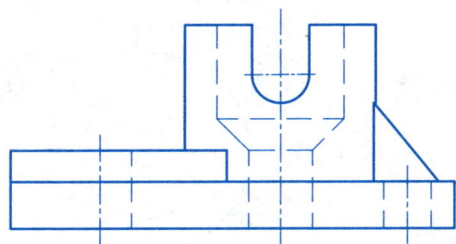

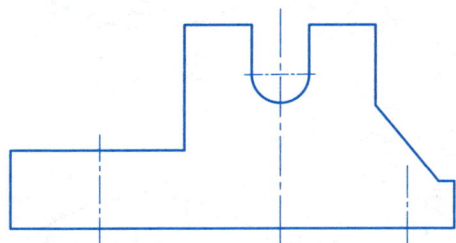

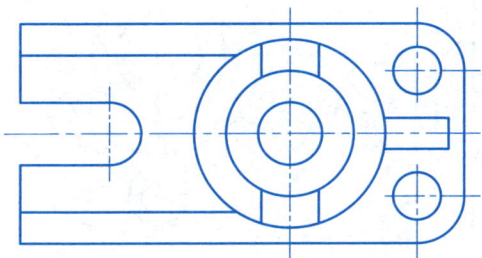

7-25 将主视图改画成半剖视图。

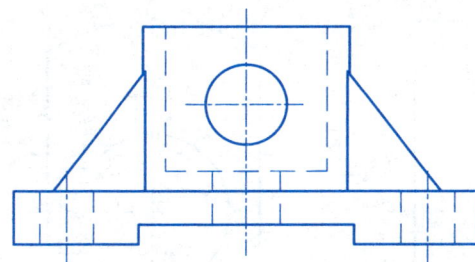

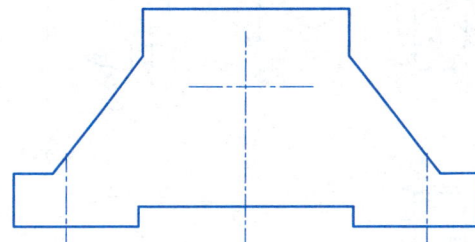

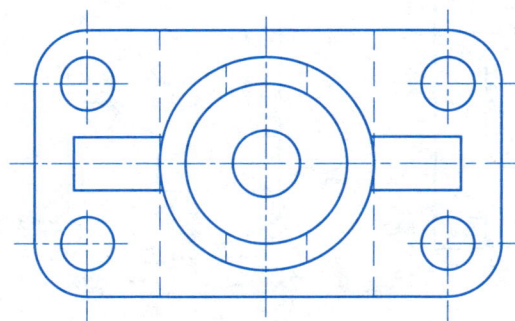

班级　　　　学号　　　　姓名

7-26 分析机件表达中的错误，在右边指定位置画出正确图形。

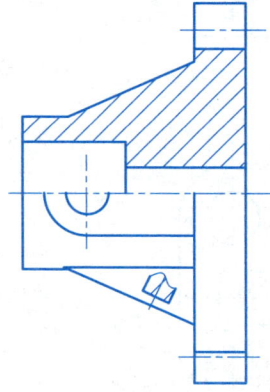

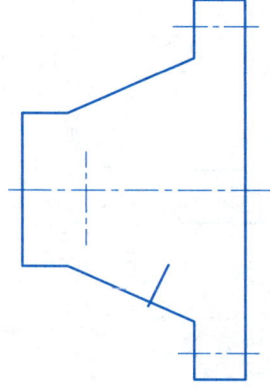

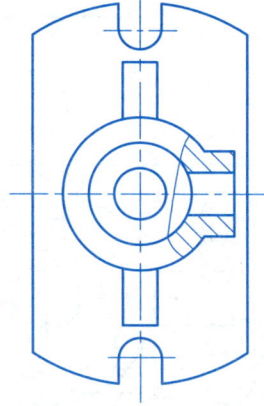

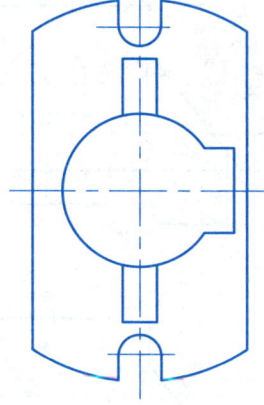

7-27 将主视图改画为全剖视图。

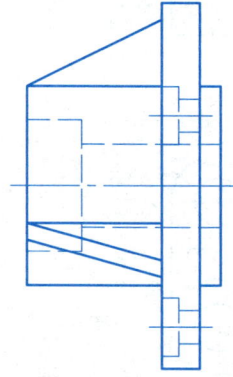

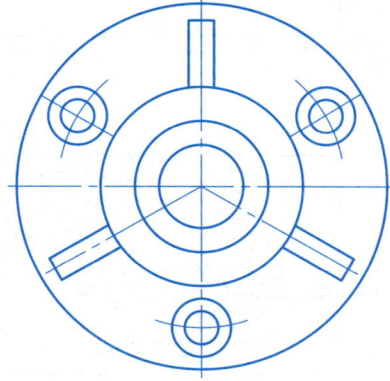

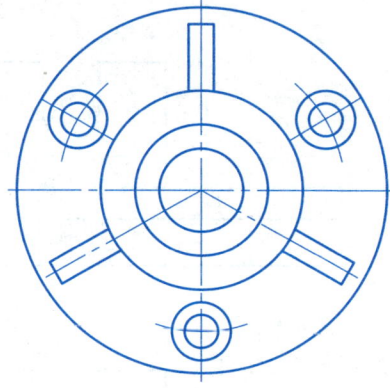

班级   学号   姓名

7-28 根据已知视图，按1：1的比例标注尺寸，尺寸数值从图中测量并取整数。

(1)

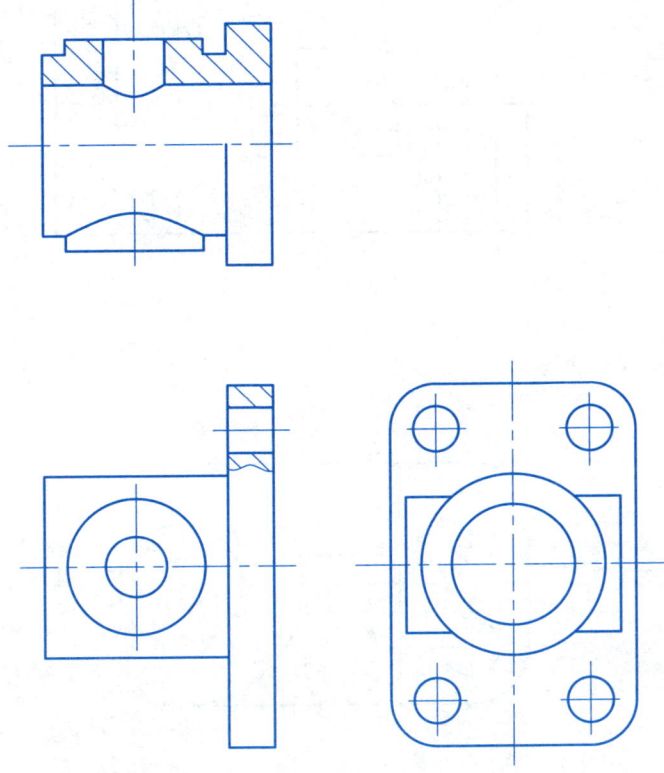

(2)

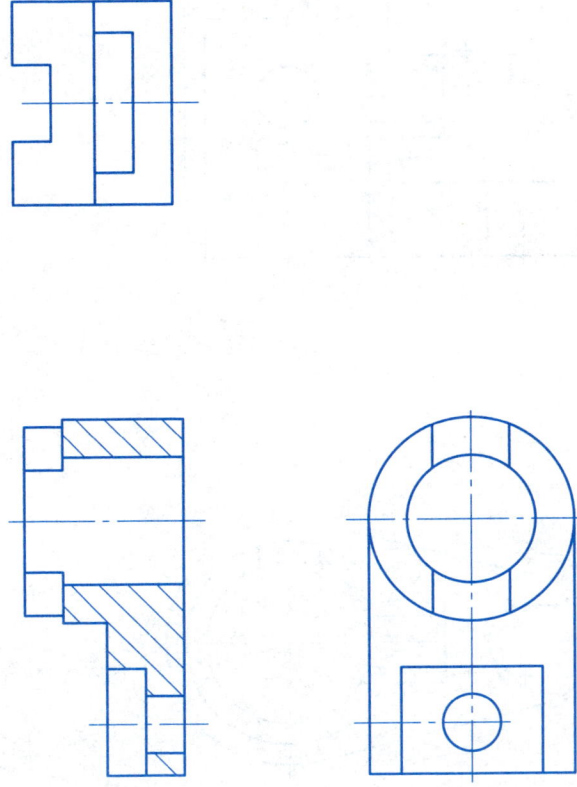

· 85 ·　　　班级　　　　学号　　　　姓名

7-29 根据已知视图，按1：1的比例标注尺寸，尺寸数值从图中测量并取整数。

(1)

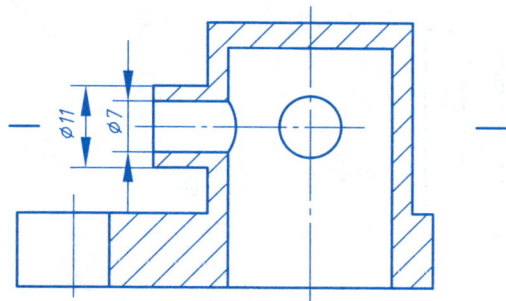

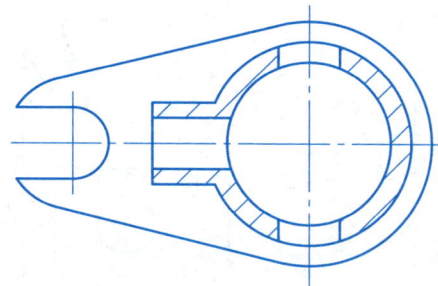

(2)

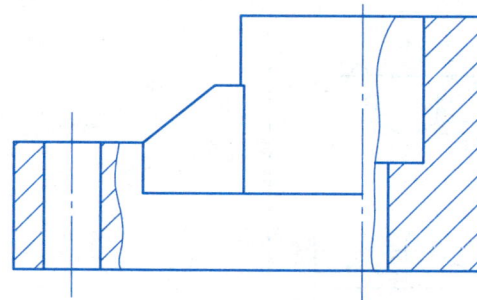

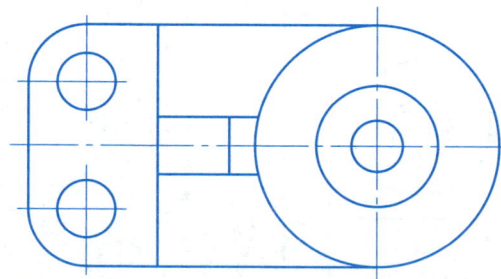

　　班级　　　　学号　　　　姓名

7-30 根据已知视图，按1∶1的比例标注尺寸，尺寸数值从图中测量并取整数。

(1)

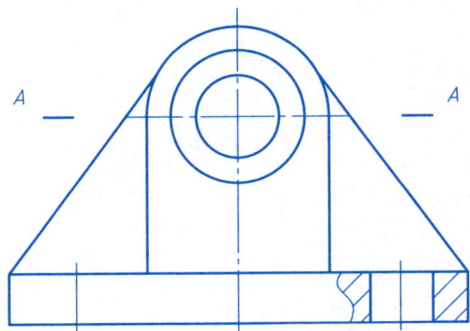

A —— A

A—A

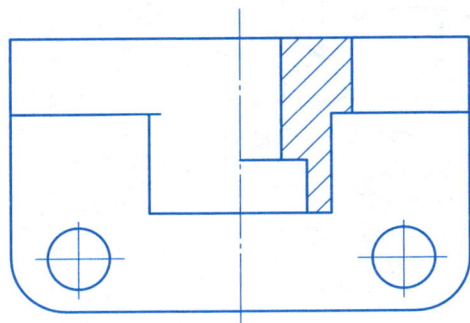

(2)

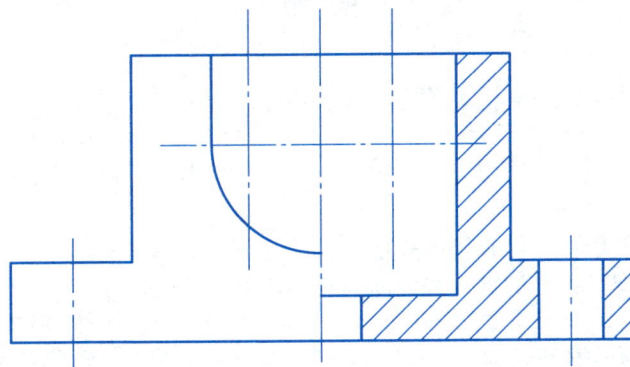

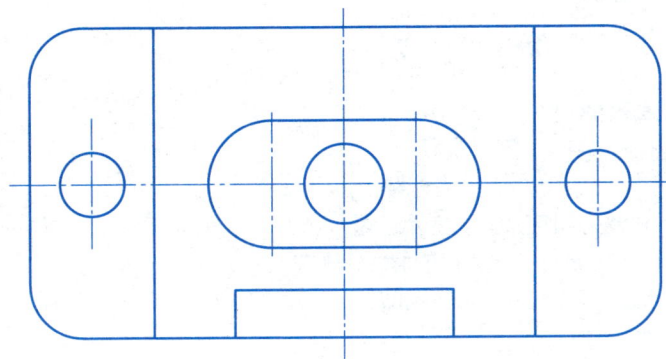

　班级　　　　学号　　　姓名

第二次大作业　剖视图

1. 目的

培养用剖视及其他表达方法表示物体的能力。

2. 要求

表达方法正确，尺寸标注完整、正确、清晰、合理。

3. 注意事项

(1) 剖切符号符合国标规定；

(2) 同一机件的剖面线应间隔相同，方向一致。

4. 内容

按右图中所给立体、尺寸，采用适当的表达方法，表达清楚机件的内外形状，并标注尺寸。

图名为支座，图幅为A32横放，比例为1：1，材料为HT200。

5. 回答下列问题

(1) 零件的总体尺寸：总长_____，总高_____，总宽_____。

(2) 底板的尺寸：长_____，宽_____，高_____；圆角半径_____，圆孔直径_____，圆孔的定位尺寸_____。

(3) 中央竖圆筒的内径/外径是_____，高度是_____；通孔2×ϕ12的含义是_____。

(4) 左侧凸缘的定形尺寸和定位尺寸分别如下。

定形尺寸：_____

定位尺寸：_____

(5) 本零件是_____（左右、前后、上下）对称。

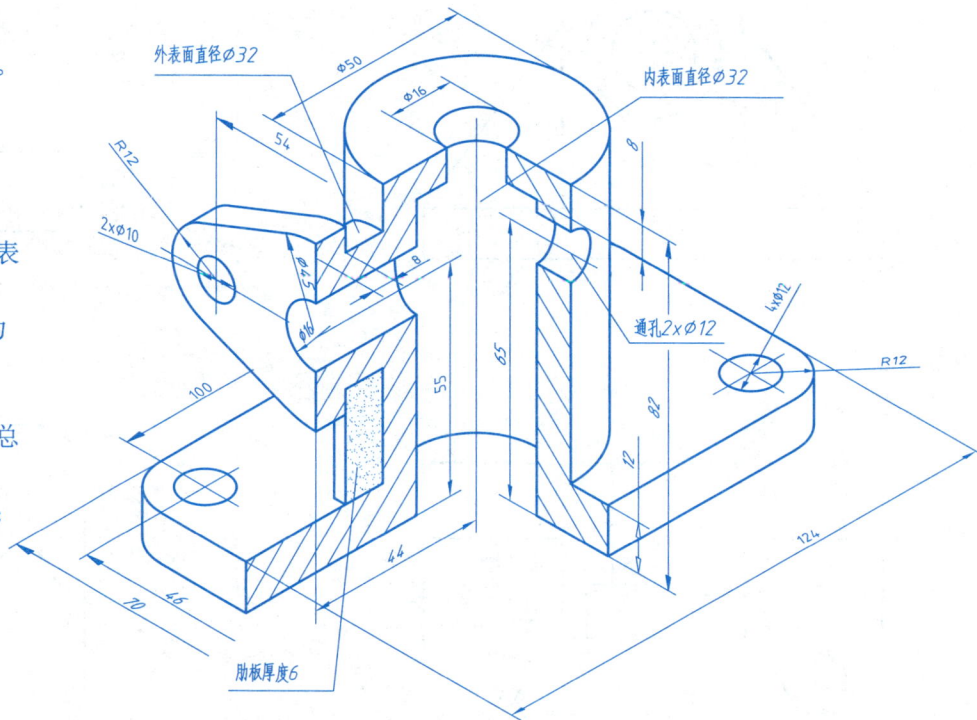

8-1 分析下列螺纹及螺纹连接画法中的错误之处，并将正确的画在指定位置。

(1)

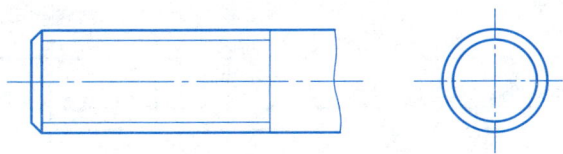

(2)

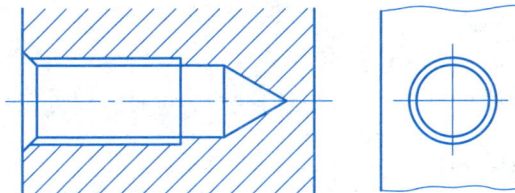

(3)

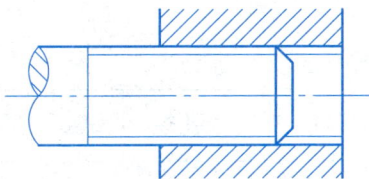

(4)

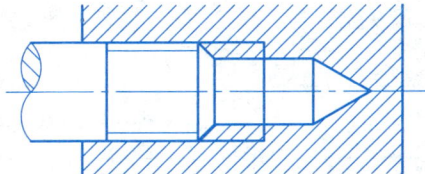

　　　班级　　　学号　　　姓名

8-2 解释下列螺纹标记。

螺纹标记	螺纹种类	公称直径	螺距	导程	线数	旋向	中径公差带代号	顶径公差带代号	旋合长度代号	内外螺纹
M10-6H										
M10×1-5H-S-LH										
M20-6g										
M16×1.5-6g7g-L										
Tr32×12(P6)LH-8H-L										

螺纹标记	螺纹种类	尺寸代号	公差等级	内外螺纹	旋向	管子孔径	螺纹大径	螺纹小径
G1								
G1/8A-LH								

班级　　　　学号　　　　姓名

8-3 按下列给定条件及参数，在图上对螺纹进行标注。

(1) 粗牙普通螺纹，大径为20 mm，螺距为2.5 mm，右旋，中径、顶径公差带代号为7h6h，长旋合长度。查表确定螺纹小径为_____。

(2) 细牙普通螺纹，大径为24 mm，螺距为1.5 mm，左旋，中径、顶径公差带代号为5g6g，短旋合长度。

(3) 细牙普通螺纹，大径为20 mm，螺距为1.5 mm，左旋，中径、顶径公差带代号为7H，中等旋合长度。

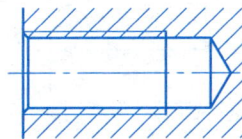

(4) 梯形螺纹，公称直径为24 mm，导程为6 mm，螺距为3 mm，左旋，中径公差带代号为7e，中等旋合长度。查表确定螺纹大径为_____，小径为_____。

(5) 非螺纹密封圆柱管螺纹，尺寸代号为1½，右旋。查表确定螺纹大径为_____，小径为_____，螺距为_____。

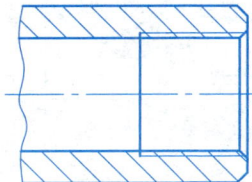

(6) 非螺纹密封圆柱管螺纹，尺寸代号为2¼，公差等级为A级，左旋。查表确定螺纹大径为_____，小径为_____，螺距为_____。

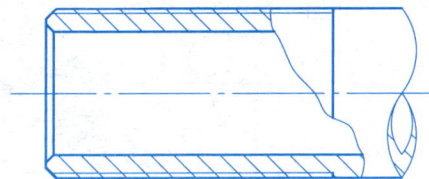

班级   学号   姓名

8-4 查表标注尺寸，并填写规定标记。

(1) 六角头螺栓：公称直径d=12 mm，公称长度L=50 mm。(GB/T 5782—2016)

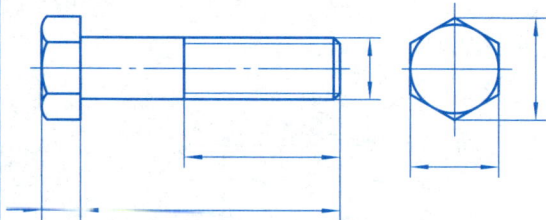

规定标记：_____

(2) 双头螺柱：公称直径d=16 mm，公称长度L=60 mm。(GB 898—1988)

规定标记：_____

(3) 开槽沉头螺钉：公称直径d=8 mm，公称长度L=45 mm。(GB/T 68—2016)

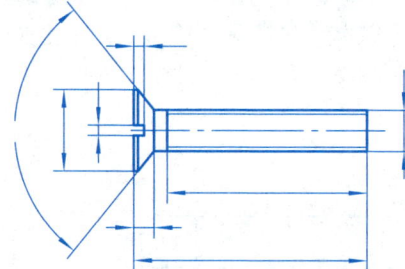

规定标记：_____

(4) 开槽圆柱头螺钉：公称直径d=10 mm，公称长度L=50 mm。(GB/T 65—2016)

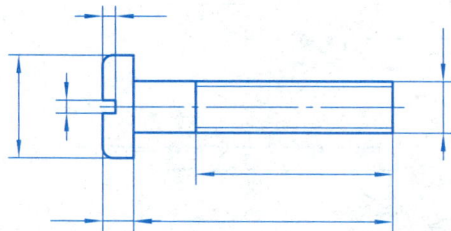

规定标记：_____

(5) A级1型六角螺母：公称直d=16mm。(GB/T 6170—2015)

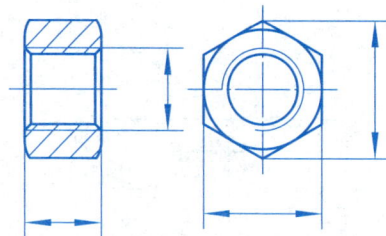

规定标记：_____

(6) 平垫圈：公称尺寸d=16 mm。(GB/T 97.1—2002)

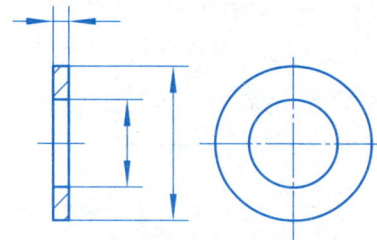

规定标记：_____

班级　　　学号　　　姓名

8-5 螺栓连接的画法。

已知螺栓GB/T 5782 M10×l(l计算后查表取标准值)，螺母GB/T 6170 M10，垫圈GB/T 97.1 10，用比例画法中的简化画法画出连接后的主、俯、左视图(视图比例1：1，不必标注尺寸)，其中左视图按不剖处理。

写出螺栓的规定标记：_____

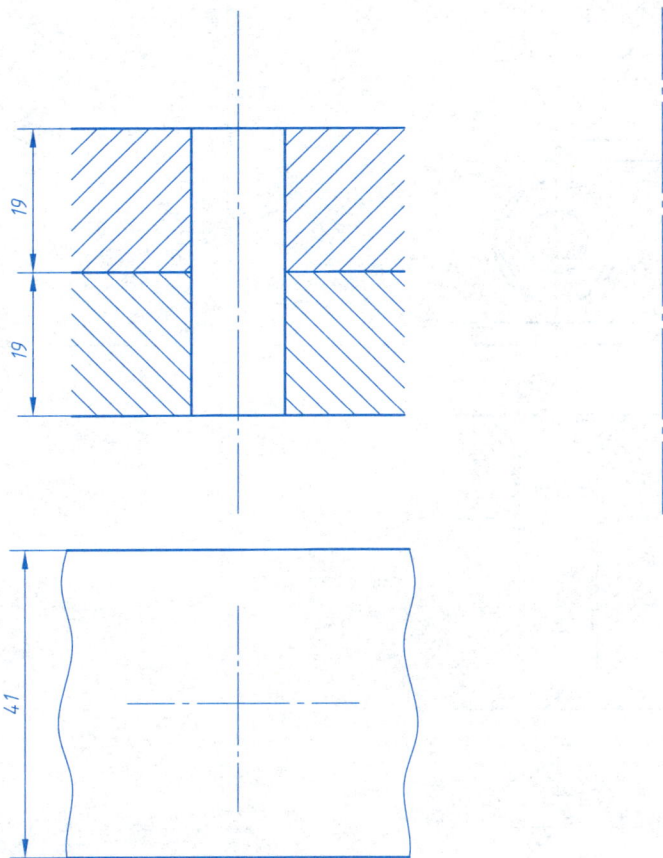

8-6 双头螺柱连接的画法。

已知双头螺柱GB/T 898 M10×l(l计算后查表取标准值)，螺母GB/T 6170 M10，垫圈GB/T 97.1 10，用比例画法中的简化画法画出连接后的主视图和俯视图(视图比例1：1，不必标注尺寸)。

写出双头螺柱的规定标记：_____

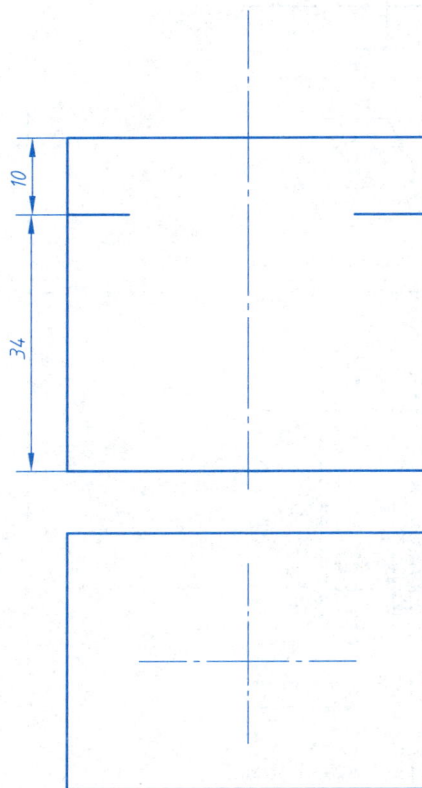

立体图

立体图

班级　　　　学号　　　　姓名

8-7 圈出下列螺纹连接画法中的错误之处，并在指定位置画出正确的图形。

(1)

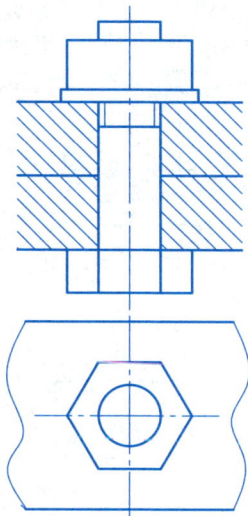 

(2)

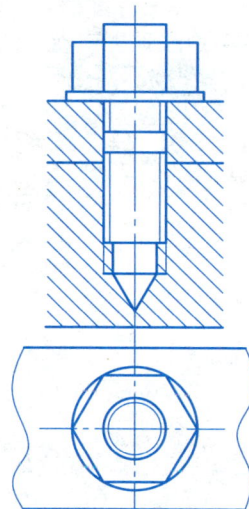 

(3)

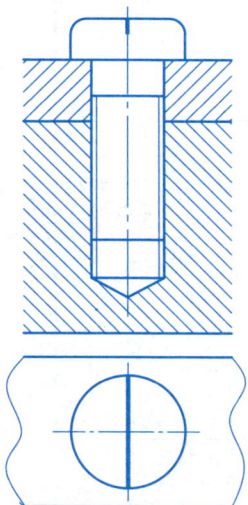 

(4)

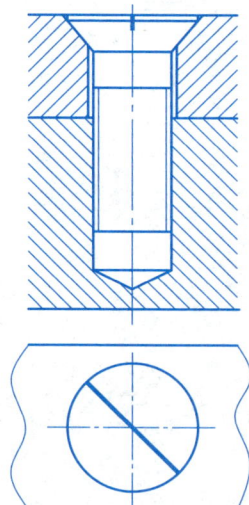 

立体图

立体图

·94·　　班级　　　　学号　　　　姓名

8-8 (1) 已知普通平键GB/T 1096 键5×5×10， 查表完成主视图，画出键槽A—A断面图，并标注尺寸(轴的直径为14 mm)。

(2) 完成与左轴相配合的齿轮轴孔的主视图和A向局部视图，并标注尺寸。

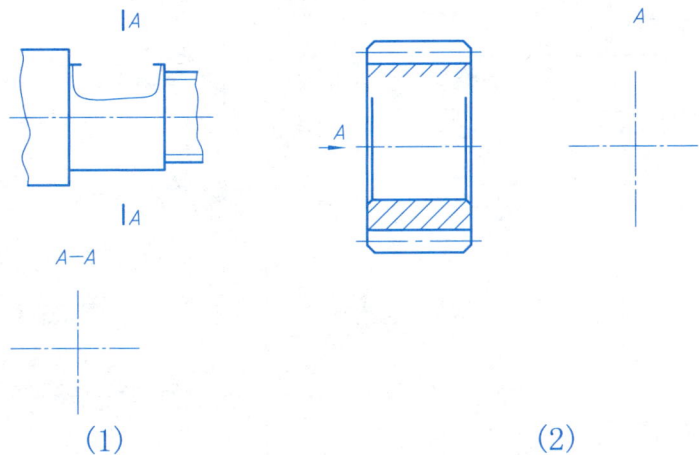

(1)

(2)

(3) 画出(1)和(2)两题的轴与齿轮用键连接的装配图，并写出键的规定标记。

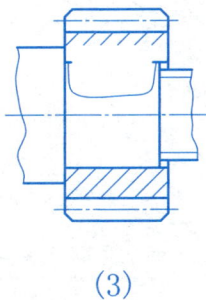

(3)

规定标记: _____

8-9 图(1)为轴、齿轮和销的视图，在图(2)中画出用销(GB/T 119.1 5 m6×20)连接轴和齿轮的装配图。

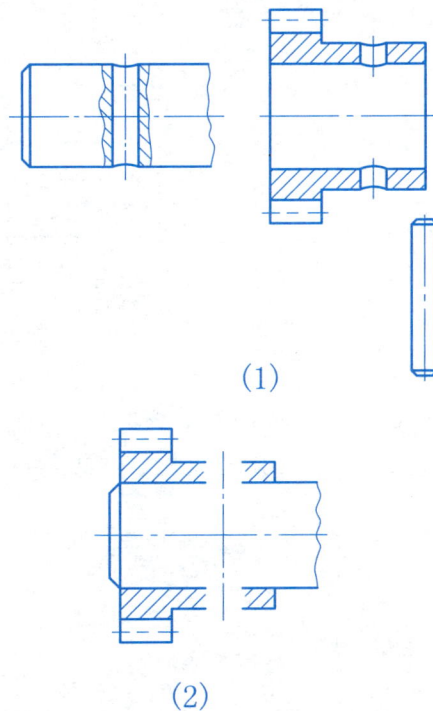

(1)

(2)

班级　　　学号　　　姓名

8-10 已知阶梯轴两端支承轴肩处的直径分别为25 mm和15 mm，用1∶1的比例按规定画法完成轴承视图。（轴承6205 GB/T 276—2013；轴承6202 GB/T 276—2013)

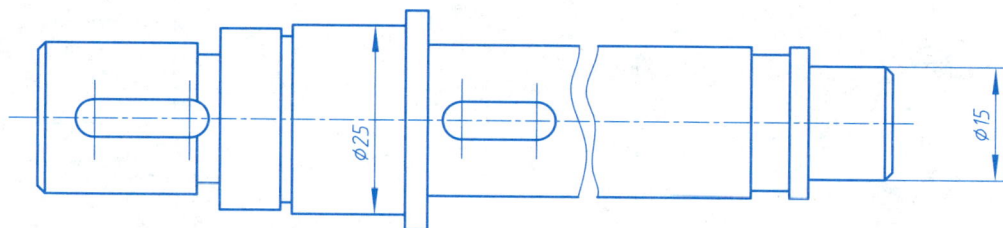

$\phi 25$ $\phi 15$

8-11 已知圆柱螺旋压缩弹簧的簧丝直径d=8 mm，弹簧中径D=30 mm，自由高度H_0=96 mm，支承圈数n=2.5，节距t=16 mm，右旋。用1∶1的比例画出弹簧的全剖视图(轴线水平放置)。

班级　　　　学号　　　　姓名

8-12 已知直齿圆柱齿轮模数 $m=5$，齿数 $z=39$，试计算该齿轮的分度圆、齿顶圆和齿根圆的直径。用1：4的比例完成下面两视图，轮齿倒角 $C1.5$，并将计算公式写在空白处。

8-13 已知大齿轮模数 $m=4$，齿数 $z_2=38$，两齿轮的中心距 $a=116$ mm，试计算大小两齿轮的分度圆、齿顶圆和齿根圆的直径及传动比。用1：4的比例完成下列直齿圆柱齿轮的啮合图，并将计算公式写在空白处。

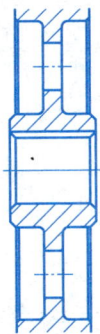
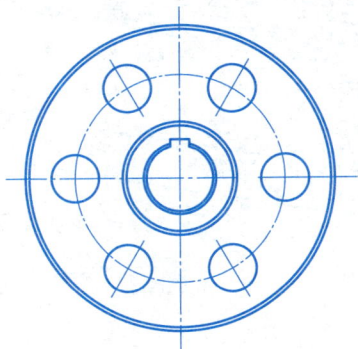
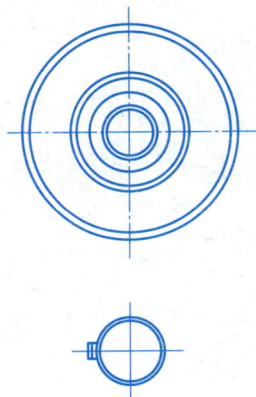
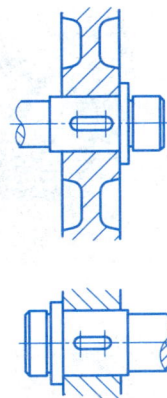

立体图

立体图

班级   学号   姓名

第9章 零件图

9-1 根据轴的轴测图画出其零件图（材料：45）。

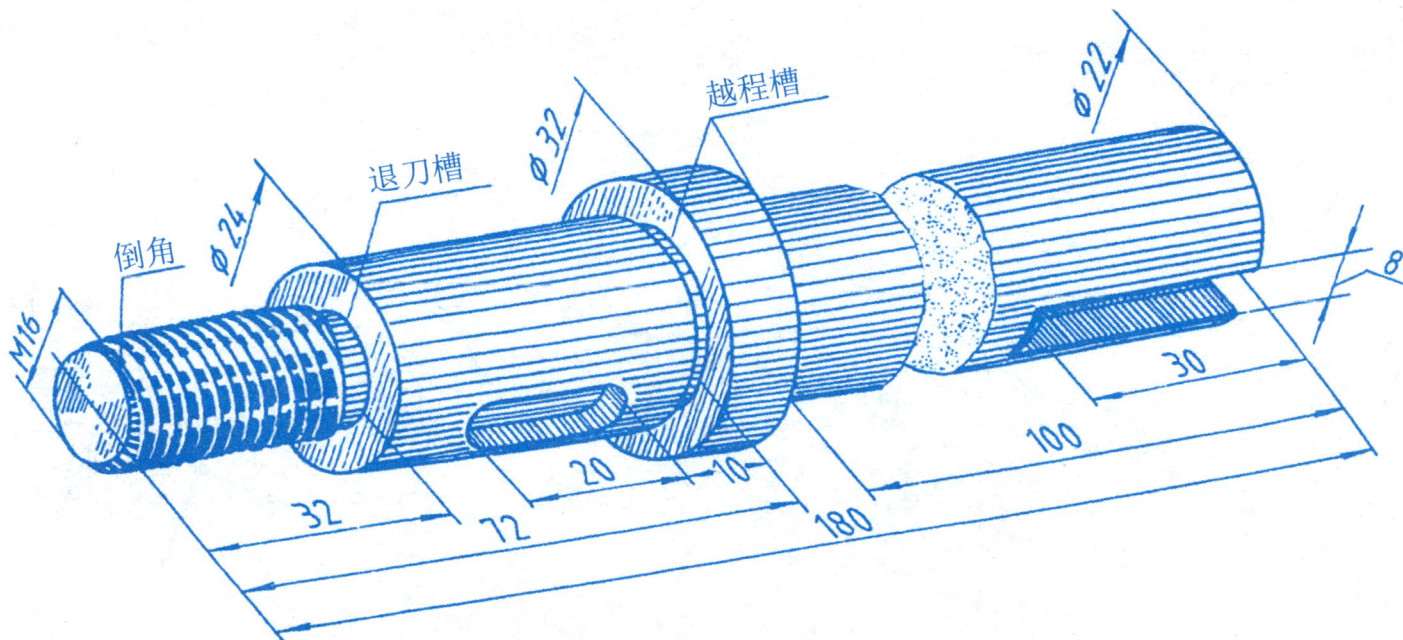

已知：

键槽宽8 mm、深4 mm；

退刀槽、砂轮越程槽、倒角尺寸查教材附录或相关标准；

所有表面结构代号为 $\sqrt{}$ $Ra\,12.5$ 。

班级   学号   姓名

9-1 续

班级　　　　学号　　　　姓名

9-2 根据支座的轴测图画出其零件图（A3图幅，比例1：1，材料为HT150）。

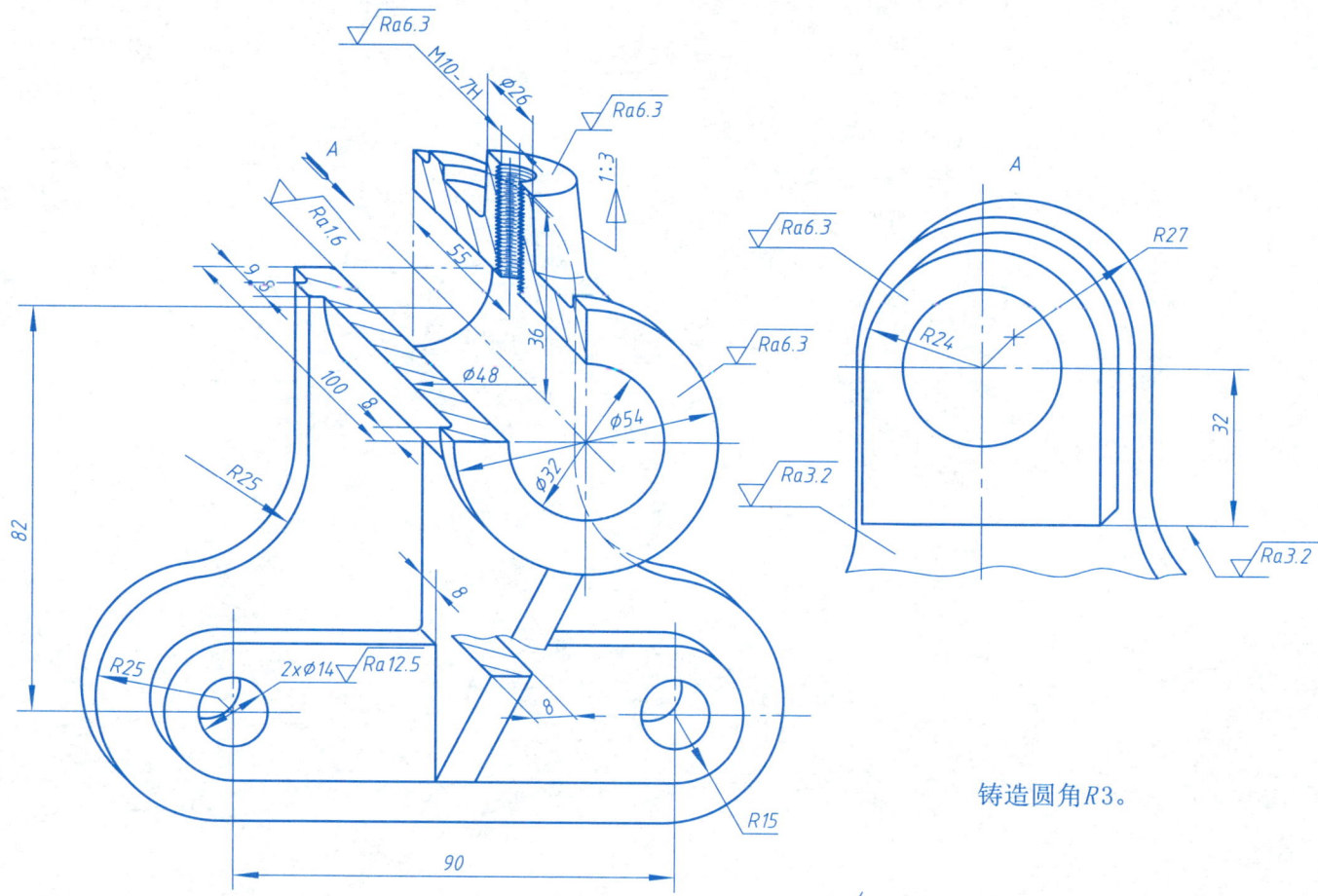

铸造圆角R3。

$\sqrt{\ }$ ($\sqrt{Ra1.6}$ $\sqrt{Ra3.2}$ $\sqrt{Ra6.3}$ $\sqrt{Ra12.5}$)

班级　　　　学号　　　姓名

9-3 找出下列零件图中工艺结构不合理或画法错误之处，并将正确的结构和图形画在指定位置（不必标注尺寸）。

(1) 毛坯件过渡线的画法。

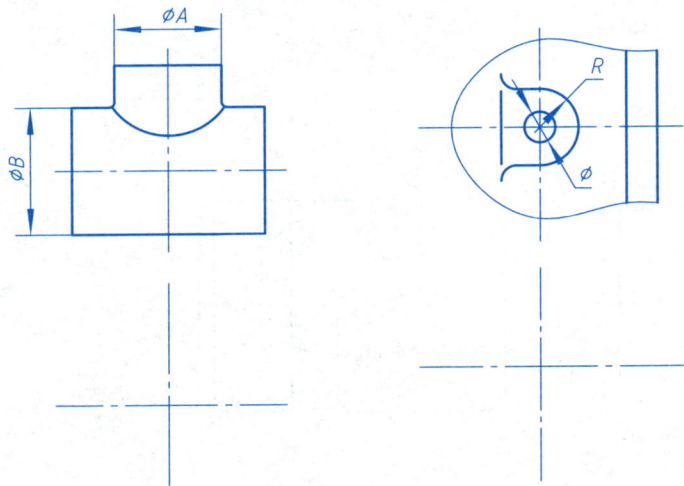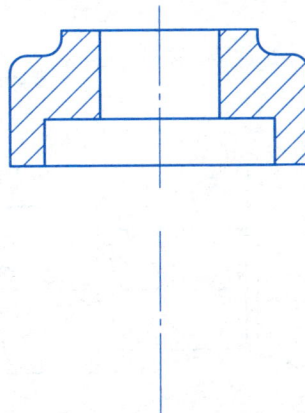

(2) 毛坯铸件。

(3) 钻孔结构。

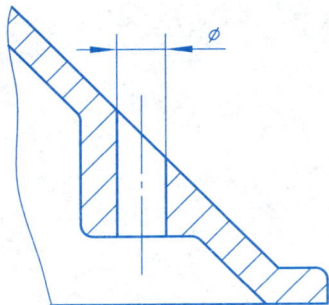

(4) 钻孔结构。

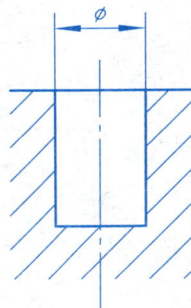

9-4 标注零件的尺寸（尺寸按1：1从图上量取，取整数）。

（1）主轴（左端螺纹为M16×1-6g，键槽尺寸查表获取）。

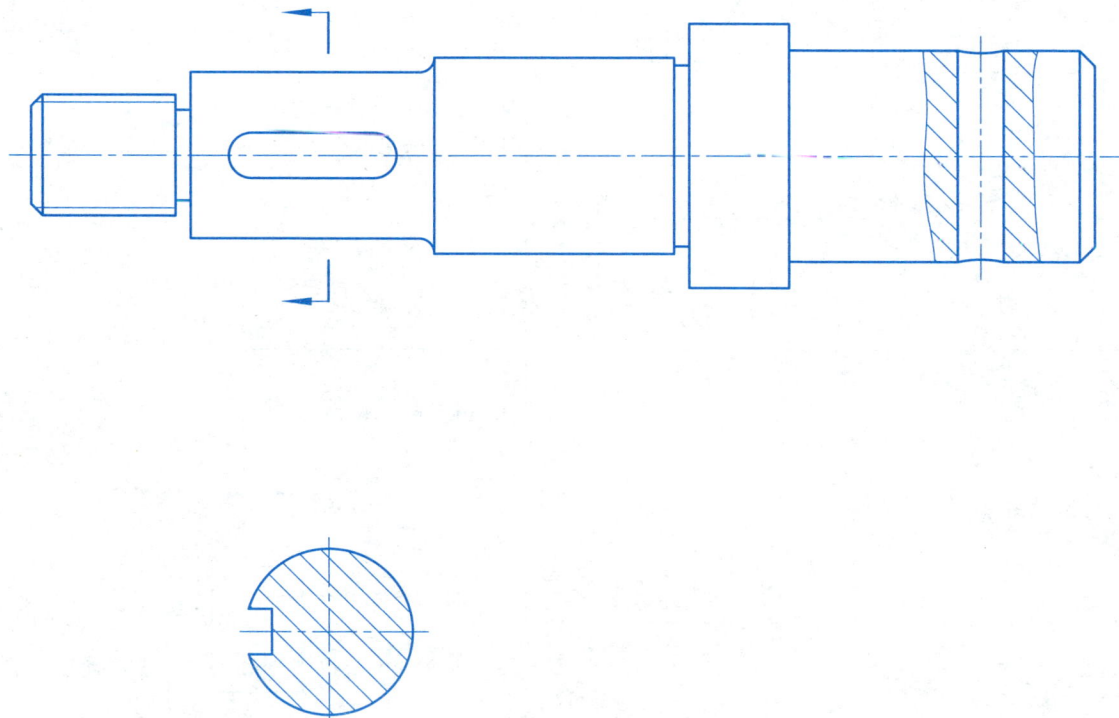

班级　　　　学号　　　　姓名

(2) 端盖。

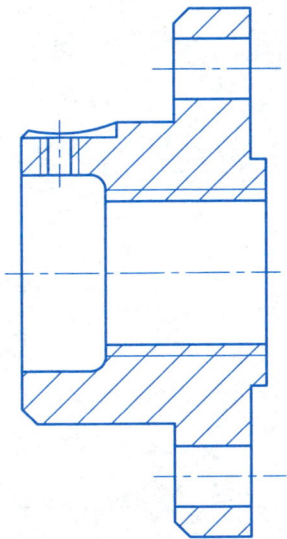

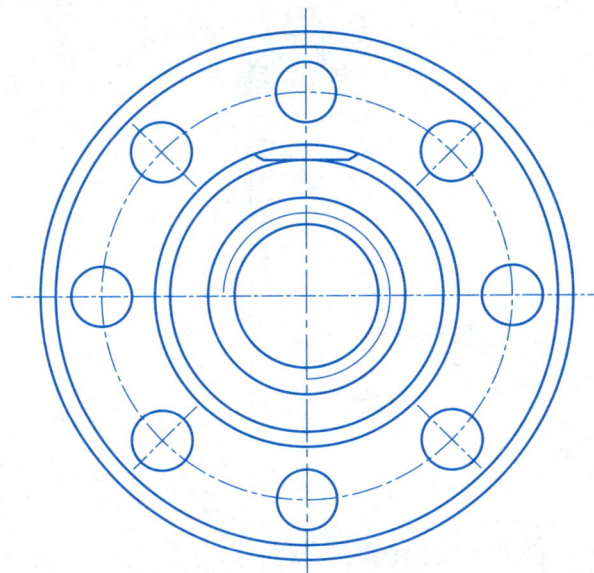

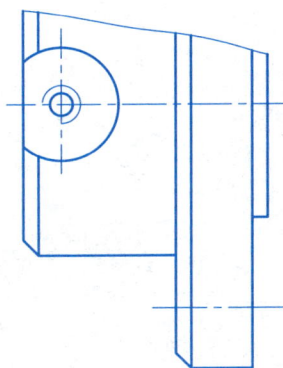

注：中孔内螺纹为M22×1.5-5H-S，螺钉孔为M5-7H。

班级　　　学号　　　姓名

9-5 检查表面结构注法上的错误，在右图正确标注出来。

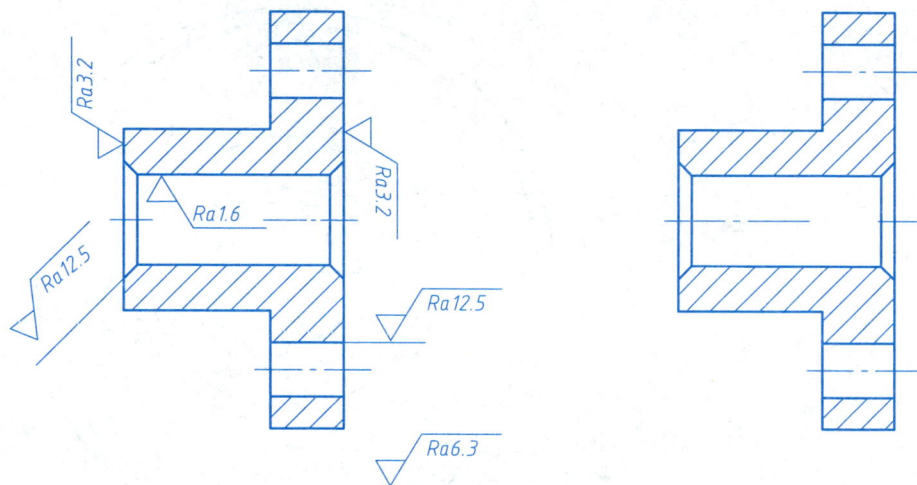

9-6 按指定的表面及表面结构用代号标注在图上。

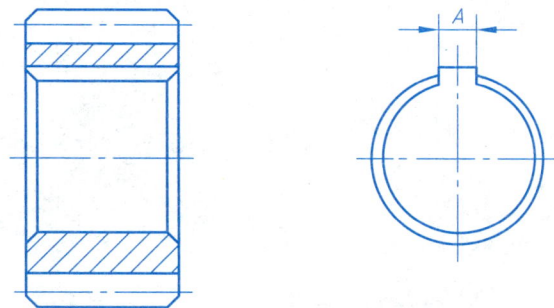

1. 轮齿工作面和轴孔为 $\sqrt{Ra6.3}$ 。
2. 键槽两侧面为 $\sqrt{Ra6.3}$ 。
3. 轮齿两端面及倒角为 $\sqrt{Ra12.5}$ 。
4. 其余表面要求不去除材料。

9-7 根据表中给定的表面结构参数值，在右侧视图中标注相应的表面结构要求。

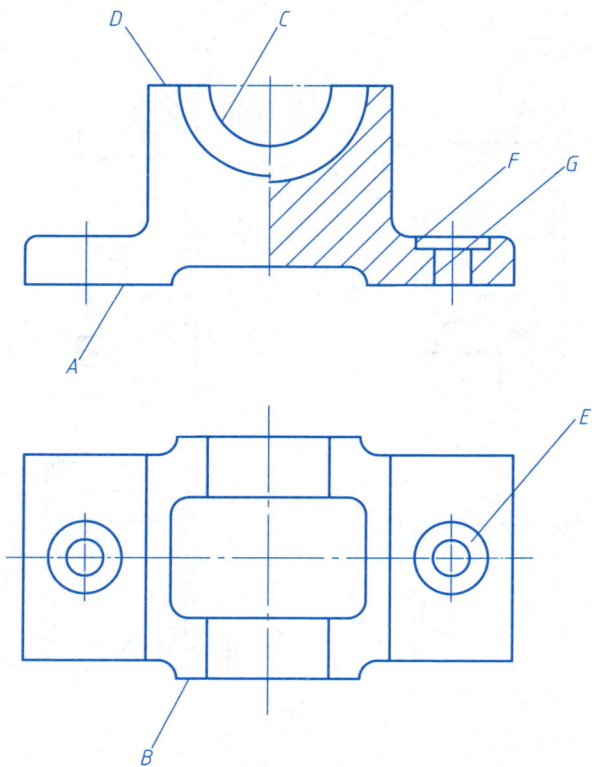

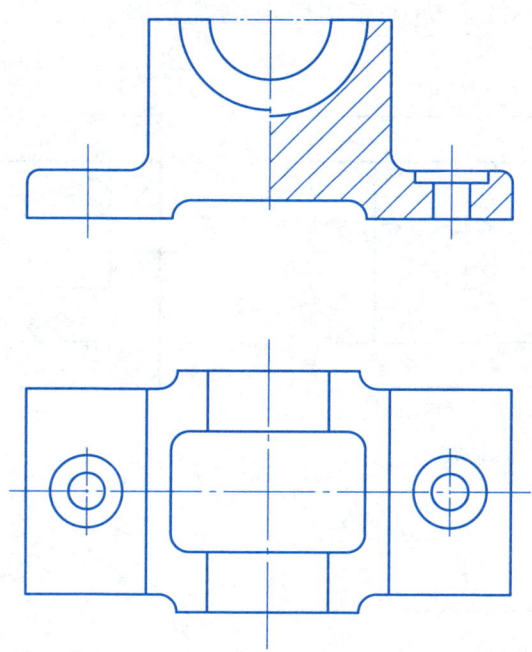

表面	A、B	C	D	E、F、G	其余
Ra/μm	6.3	1.6	3.2	12.5	√

　　班级　　　　学号　　　　姓名

9-8 滑块与导轨的公称尺寸是24 mm，采用基孔制间隙配合，标准公差等级均为IT8，滑块的基本偏差代号为f。在装配图(1)中标注滑块与导轨的配合尺寸，并分别在零件图(2)(3)上标注公称尺寸和极限偏差数值。

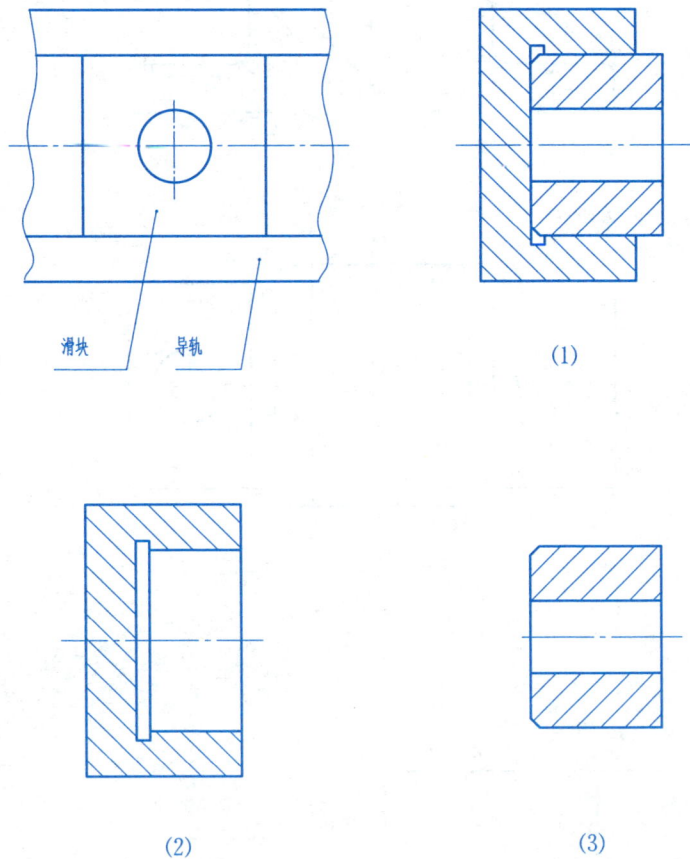

滑块   导轨

(1)

(2)   (3)

9-9 根据图(1)的配合代号分别在零件图(2)(3)(4)上标注出孔和轴的公称尺寸及公差带代号，并填空。

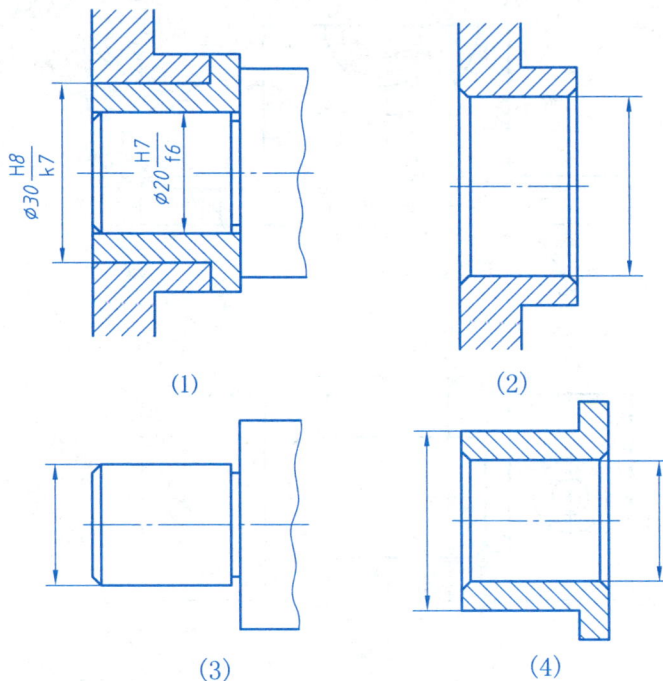

(1)   (2)

(3)   (4)

配合尺寸	配合制	配合种类	基本偏差代号	标准公差等级
$\phi 30 \dfrac{H8}{k7}$			孔	孔
			轴	轴

配合尺寸	配合制	配合种类	基本偏差代号	标准公差等级
$\phi 20 \dfrac{H7}{f6}$			孔	孔
			轴	轴

9-10 用文字说明图框中框格标注的含义。

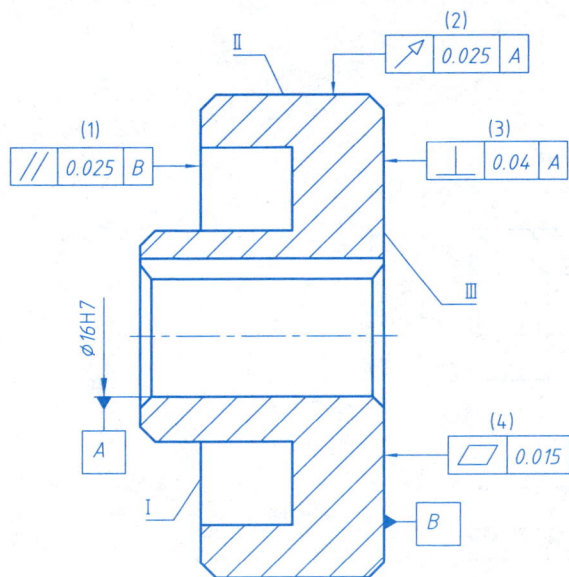

(1) _____

(2) _____

_____

(3) _____

(4) _____

9-11 将文字说明的形位公差标注在图形上。

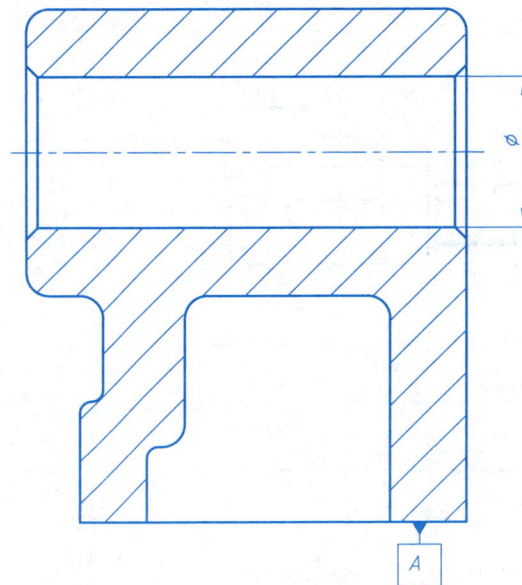

1. 孔φ轴线直线度误差不大于φ0.012 mm。
2. 孔φ圆度误差不大于0.005 mm。
3. 底面平面度误差不大于0.01 mm。
4. 孔φ轴线对底面平行度误差不大于φ0.03 mm。

班级　　　　学号　　　　姓名

5:1

45°

R0.5

B—B

8P9(-0.015 / -0.051)

22 0 -0.15

C—C

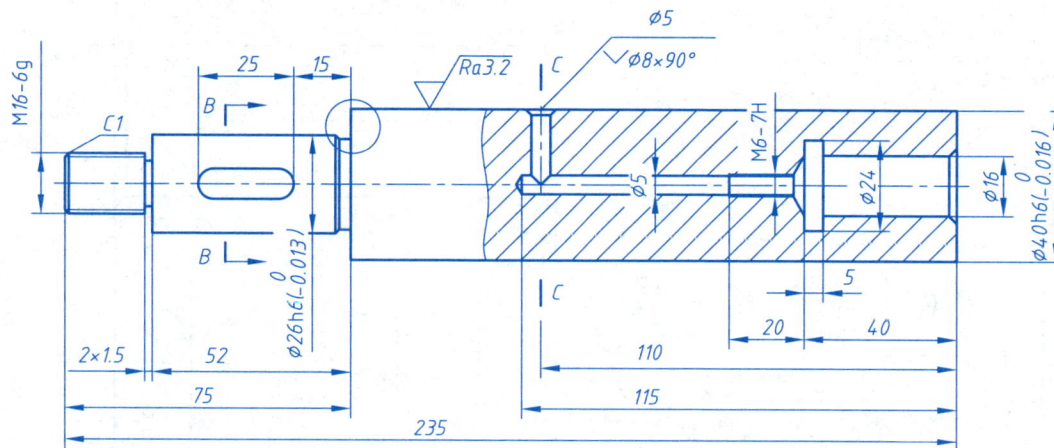

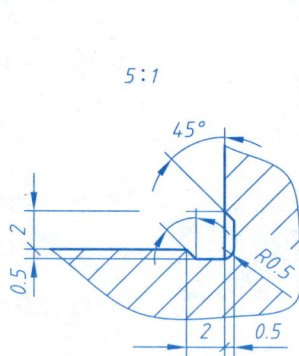

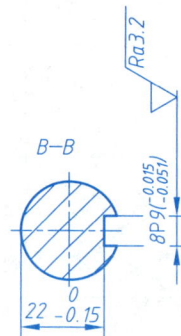

技术要求
未注倒角为C1.5。

Ra12.5 (√)

名称	主轴	比例	1:2
材料	45	数量	

立体图

(1)为表达主轴零件，分别采用了_____、_____、_____的表达方法。

(2)零件中，φ40h6这段长度为_____，该轴段表面粗糙结构为_____。

(3)轴上键槽的长度为_____，宽度为_____，深度为_____。

(4)用文字在图上标出轴向和径向的尺寸基准。

(5)φ26h6轴段直径的公称尺寸是_____，标准公差等级是_____，基本偏差值为_____，基本偏差代号是_____，最大极限尺寸是_____，最小极限尺寸是_____。

(6)M16-6g螺纹与φ26h6轴段之间有一尺寸为2×1.5的退刀槽，其宽度是_____，深度为_____。

(7)画出$C—C$断面图。

班级　　　学号　　　姓名

9-13 读夹爪零件图，按要求作图、填空。

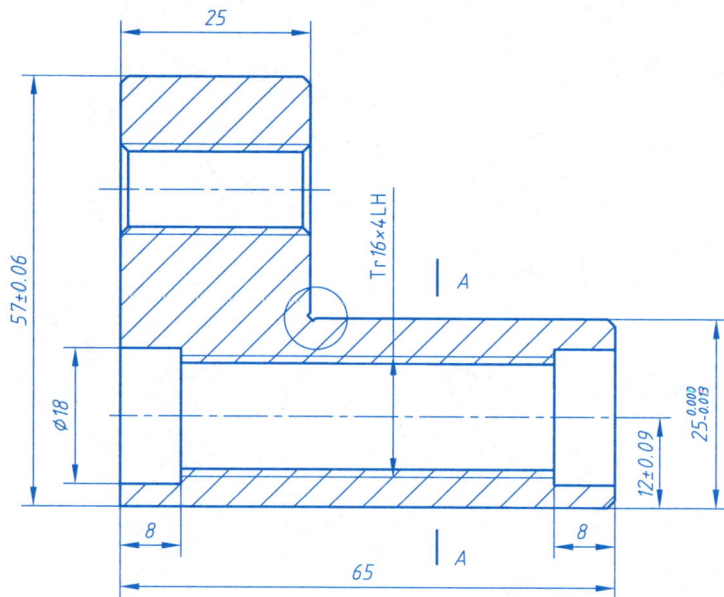

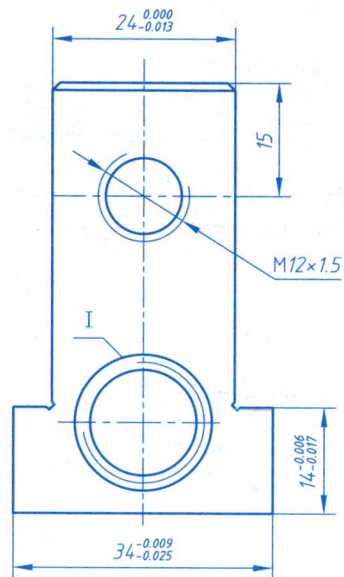

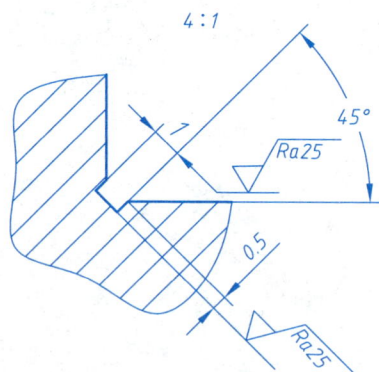

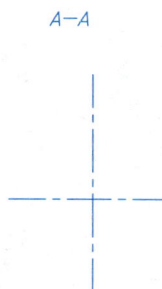

25

57±0.06

Tr16×4LH

A

Ø18

25 0.000 -0.013

12±0.09

8

65

8

A

24 0.000 -0.013

15

M12×1.5

Ⅰ

14 -0.006 -0.017

34 -0.009 -0.025

4:1

45°

1

Ra25

0.5

Ra25

A-A

Ra0.8

(✓)

名称	夹爪	比例	1:1
材料	ZG25	数量	

立体图

·110·　　班级　　　学号　　　姓名

(1)该零件的名称是_____，材料是_____，比例是_____，属于_____比例。

(2)图中圆I的直径为_____。M12×1.5孔的定位尺寸为_____。

(3)零件的总长为_____，总宽为_____，总高为_____。

(4)局部放大图中,小槽的两侧面表面粗糙度代号是_____，该零件下底面的表面粗糙度代号是_____。

$\sqrt{Ra0.8}$ 的含义是_____。

(5)由尺寸$14^{-0.006}_{-0.017}$可知，14为_____，最大极限尺寸为_____，最小极限尺寸为_____，公差为_____。该处零件合格的条件是_____。

(6)尺寸Tr16×4LH中，Tr表示_____，16表示_____，4表示_____，LH表示_____。在指定位置画出$A—A$断面图。

(7)在指定位置画出$A—A$断面图。

班级　　　学号　　　姓名

9-14 读零件图，回答下面问题。

(1) 泵体共用了4个图形表达，主视图作了_____剖视，左视图上有2处作了_____剖视，K 向称为_____图。

(2) 图中最大圆的直径是_____，与其同心的最小圆的直径是_____。

(3) 泵体上共用大小不同的螺纹孔_____个，它们的螺纹标记分别是_____、_____、_____。

(4) $\phi47H7$中，$\phi47$表示_____，H7的含义为_____。

(5) $\phi12H7$内孔表面的表面粗糙度要求是_____。

(6) 在图中标出长、宽、高三个方向的尺寸基准。

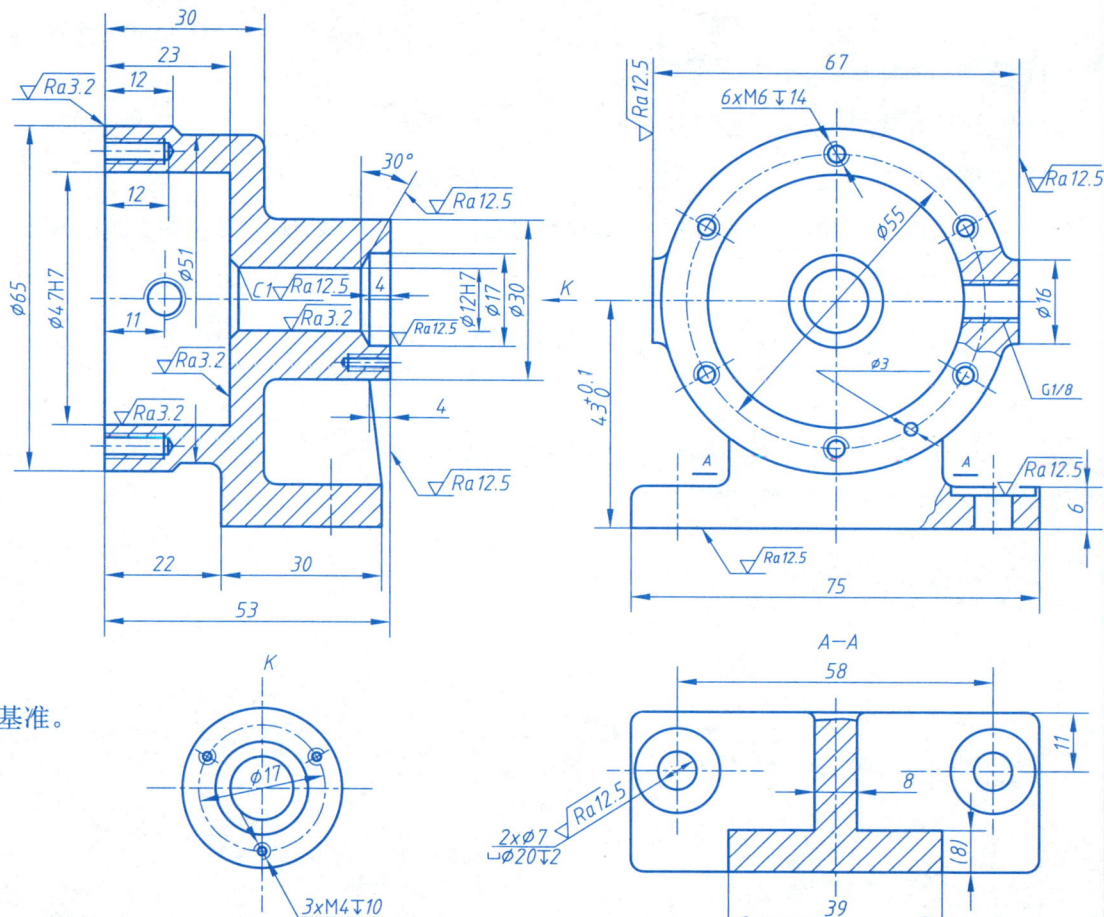

技术要求
未注圆角$R3$。

立体图

制图			泵体	比例	1:2
描图				件数	
审核				材料	HT200

班级   学号   姓名

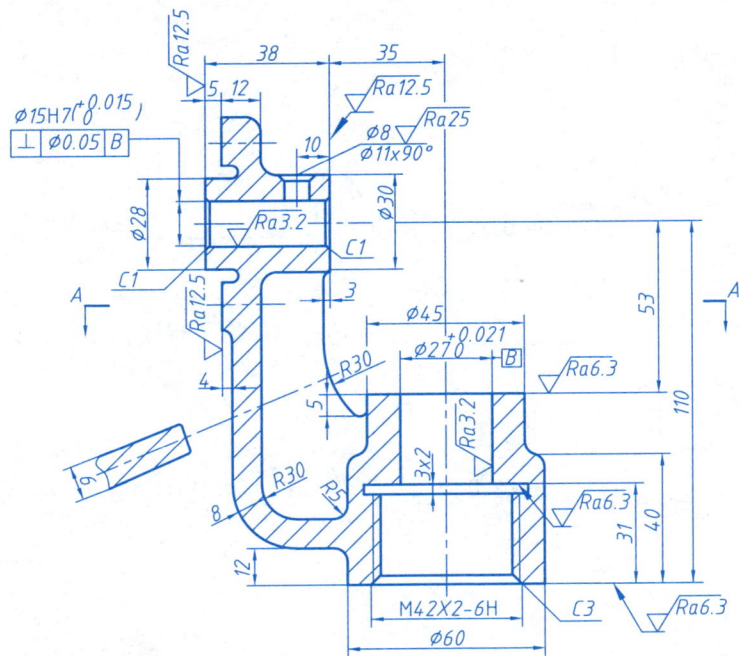

A—A

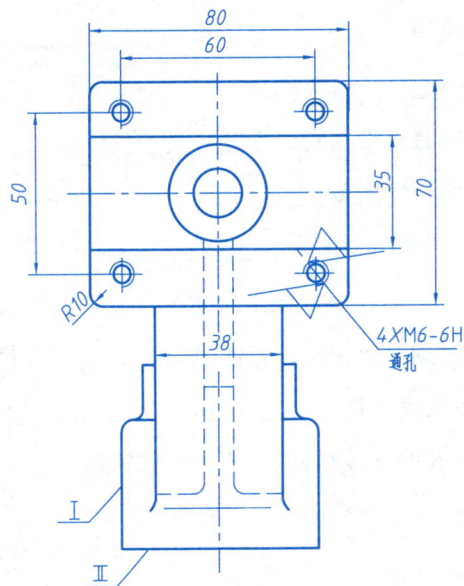

技术要求

1. 未注圆角$R3 \sim R5$。
2. 铸件不允许有砂眼、缩孔、裂纹等缺陷。

$\sqrt{}$ ($\sqrt{Ra3.2}$ $\sqrt{Ra6.3}$ $\sqrt{Ra12.5}$ $\sqrt{Ra25}$)

制 图			支架		图号	
校 核						
(校名)　班		材料	HT200	数量	1	比例 1:2

立体图

（1）零件名称是_____，材料为_____。

（2）零件图中主视图采用_____和_____的表达方法。

（3）零件的总长为_____，总宽为_____，总高为_____。

（4）左视图中两个圆的直径由大到小为ϕ_____，ϕ_____。

（5）零件表面 I 的表面粗糙度为_____，左端面的表面粗糙度为_____，表面 II 的表面粗糙度为_____。由零件图可知，零件最光滑处的表面粗糙度为_____。

（6）由ϕ15H7（$^{+0.015}_{0}$）可知其最大极限尺寸为_____，最小极限尺寸为_____，公差为_____。现测得某零件该部分尺寸为ϕ15.019 mm，则可以判断该零件_____（合格或不合格）。

（7）4×M6螺纹孔的定位尺寸是_____。零件图中有_____个螺纹孔。

（8）从M42×2-6H螺纹孔的标注可知，M表示该螺纹为_____，螺纹的螺距为_____，其中径公差带代号为_____。

班级   学号   姓名

9-16 读泵体零件图，完成填空并补画其左视外形图。

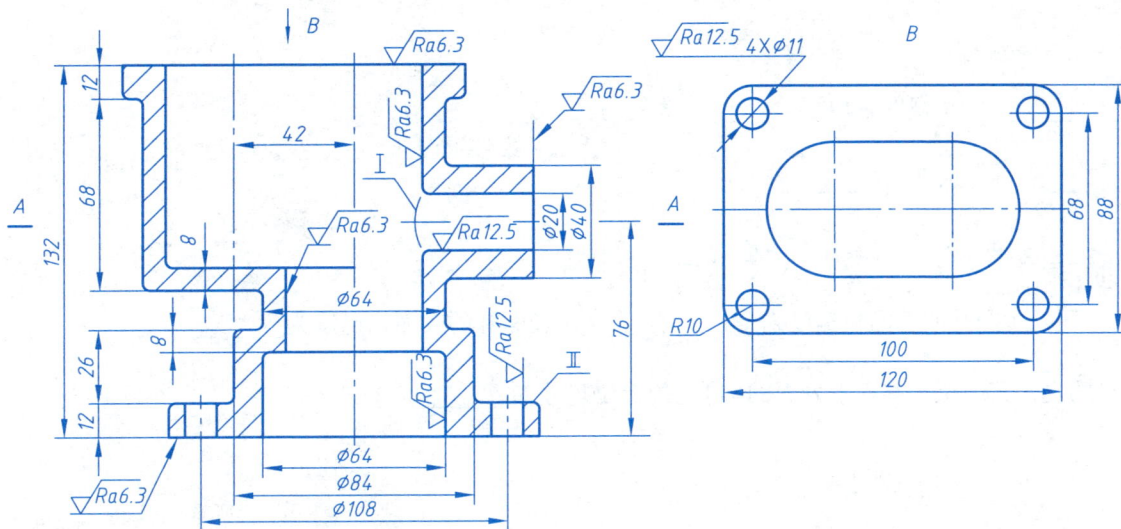

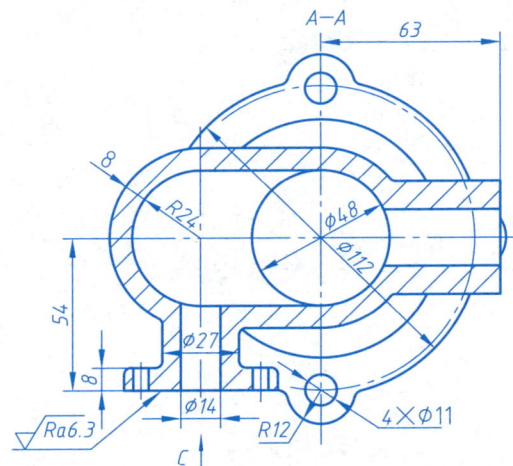

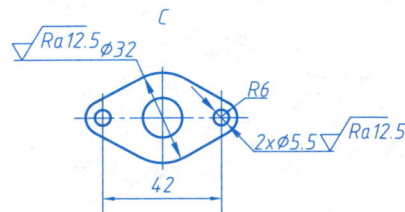

$\sqrt{Ra6.3}$ $\sqrt{Ra6.3}$ $\sqrt{Ra6.3}$ $\sqrt{Ra12.5}$ 4×ϕ11

12 42 68 132 8 8 26 12 ϕ64 ϕ64 ϕ84 ϕ108

$\sqrt{Ra6.3}$ $\sqrt{Ra12.5}$ ϕ20 ϕ40 76

$\sqrt{Ra6.3}$ $\sqrt{Ra12.5}$ $\sqrt{Ra6.3}$ $\sqrt{Ra12.5}$

B 68 88 100 120 R10

左视外形图

A—A 63 8 R24 ϕ48 ϕ112 54 8 ϕ27 ϕ14 R12 4×ϕ11 $\sqrt{Ra6.3}$

$\sqrt{Ra12.5}$ ϕ32 C R6 2×ϕ5.5 $\sqrt{Ra12.5}$ 42

技术要求

1. 未注圆角R3。
2. 铸件不能有气孔、裂纹等缺陷。

$\sqrt{}$ ($\sqrt{Ra6.3}$ $\sqrt{Ra12.5}$)

立体图

制 图			泵体		图号	
校 核						
(校名) 班		材料	HT150	数量	1	比例 1:2.5

班级   学号   姓名

9-16 续

（1）零件名称是_____，材料为_____。

（2）零件图中主视图采用的表达方法是_____，B视图采用了_____表达方法。

（3）零件的总长为_____，总宽为_____，总高为_____。

（4）主视图中Ⅰ线为_____和_____的交线，在零件图中称为_____线。

（5）零件上表面的表面粗糙度为_____，ϕ20孔的表面粗糙度为_____，表面Ⅱ的表面粗糙度为_____。

（6）由零件图可知，零件上有_____个ϕ11的孔，其中位于零件下表面的ϕ11孔的定位尺寸为_____。

（7）在指定位置补画左视外形图。

班级   学号   姓名

第10章 装配图

10-1 画轴系装配图。

根据轴系工作原理和轴测图，以及构成轴系各零件的零件图填空，并绘制其装配图。

1. 工作原理

轴系部件是减速器中传递动力的部分。轴由2个滚动轴承支承，齿轮通过套筒和轴肩进行轴向定位，端盖在密封箱体的同时还对轴承外圈进行轴向固定。

明 细 表

序号	名 称	数量	材料	备 注
1	滚动轴承6206	2		GB/T 276—2013
2	套筒	1	15	
3	齿轮	1	45	
4	键10×8×22	1	45	GB/T 1096—2003
5	端盖	1	HT150	
6	填料	1	毛毡	
7	轴	1	40	

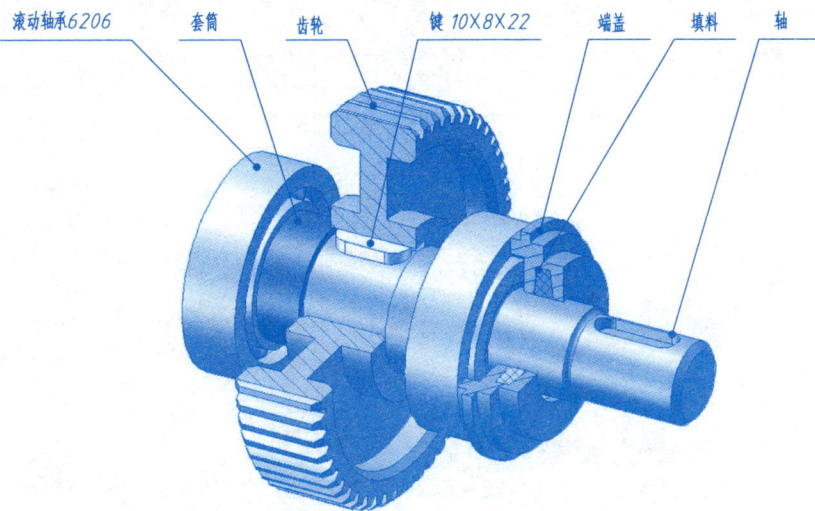

滚动轴承6206　套筒　齿轮　键10×8×22　端盖　填料　轴

2. 填空

（1）由滚动轴承的标记查表可知，轴承的外径为_____，内径为_____，宽度为_____。

（2）由齿轮零件图中提供的参数可以计算出齿根圆直径为_____。

（3）由轴测图和零件图可知，在本轴系装配图中有_____处装配关系，其装配尺寸分别为_____。

（4）填料的作用是_____。

班级　　学号　　姓名

10-1 续（1）

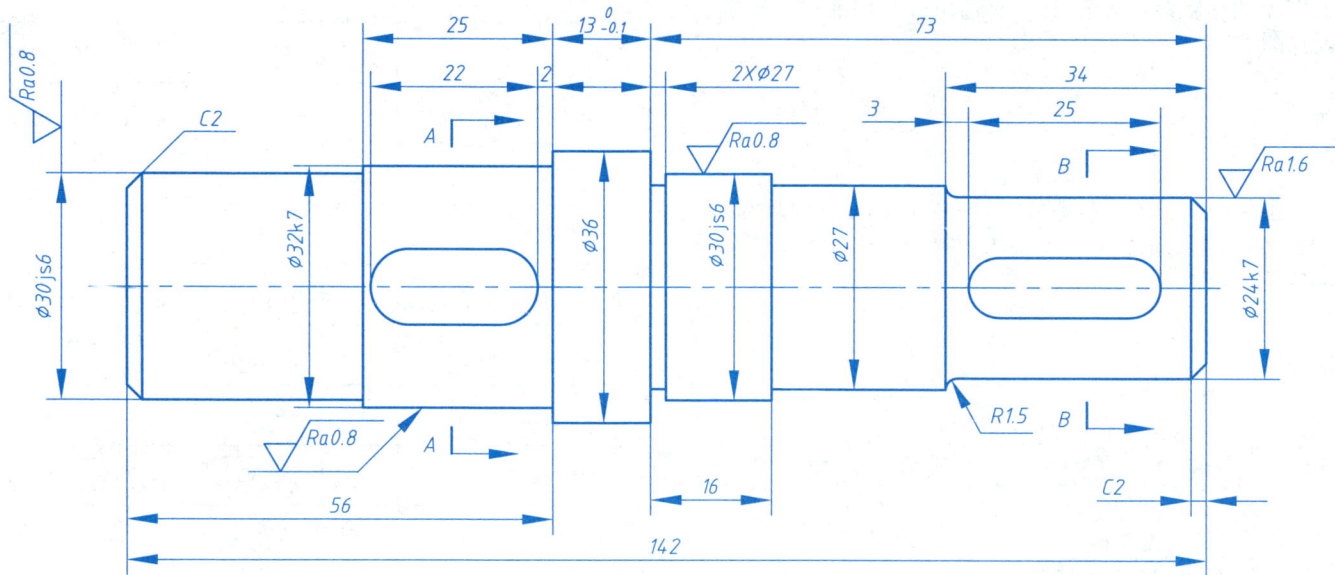

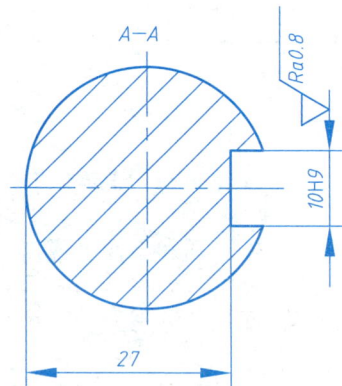

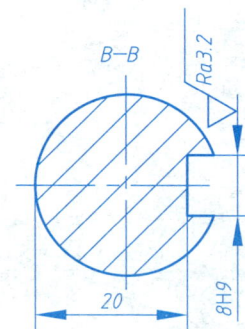

轴	1	40
名称	件数	材料

·118· 班级　　学号　　姓名

10-1 续（2）

模 数	m	2
齿 数	z	55
齿形角	α	20°

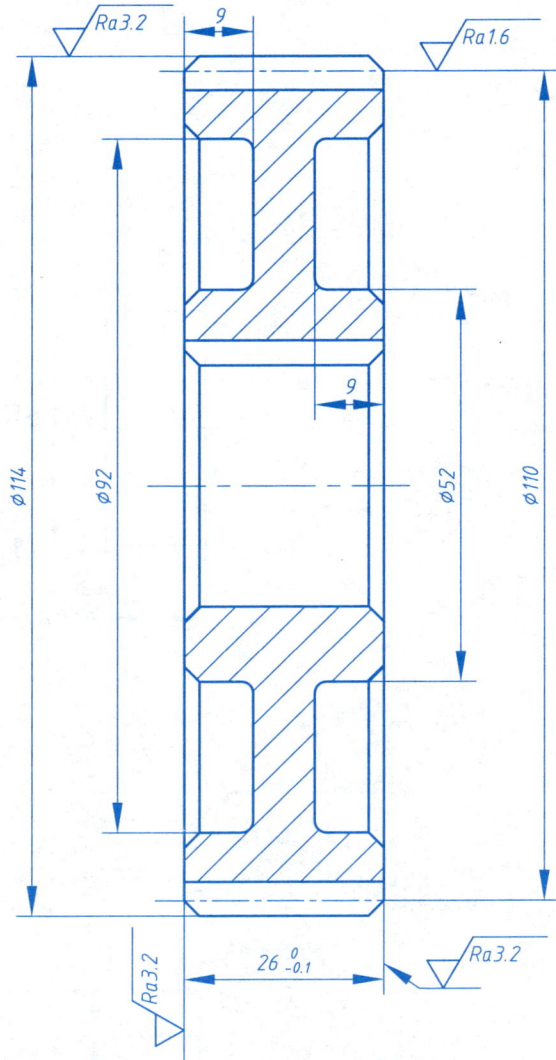

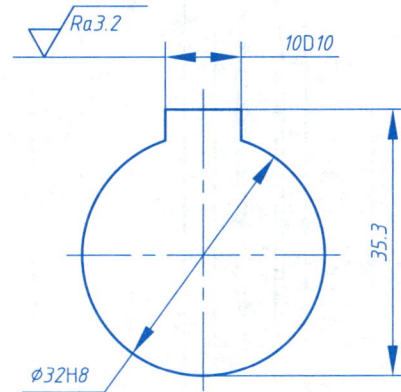

倒角C2。

齿 轮	1	45
名 称	件 数	材 料

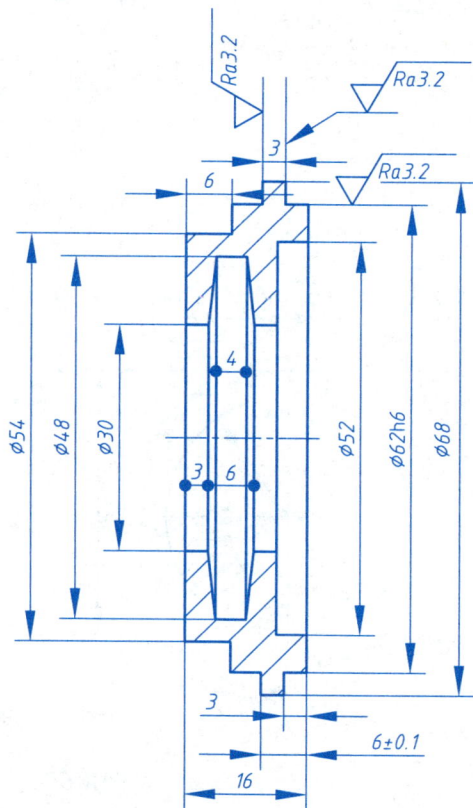

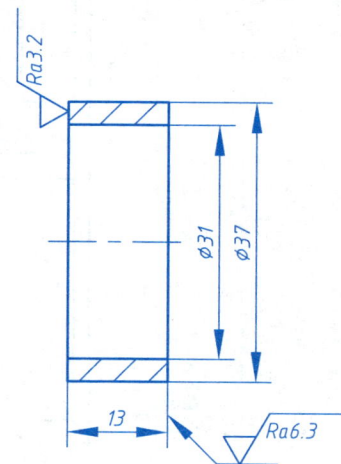

端盖	1	HT150
名称	件数	材料

套筒	1	15
名称	件数	材料

班级   学号   姓名

根据手压阀工作原理和装配示意图，以及构成手压阀各零件的零件图绘制其装配图。

1. 工作原理

手压阀是开启或关闭液压管路的一种手动阀门。手柄9通过销钉11和开口销10装在阀体上。当握住手柄9向下压紧阀杆5时，弹簧3受压，阀杆5向下移动，使入口和出口相通，阀门打开；松开手柄9，因弹簧3的弹力作用，阀杆5向上压紧阀体4，入口与出口不相通，阀门关闭。为防止流体泄漏，阀体4与阀杆5之间装有石棉填料6，并旋入锁紧螺母7压紧；同时在阀体4与调节螺母1之间装有胶垫2。

2. 要求

(1) 装配图的视图选择适当，要清楚表达手压阀的工作原理、各零件安装连接关系及主体外形特征。

(2) 标注必要的尺寸，包括性能尺寸、装配尺寸、安装尺寸、外形尺寸。

(3) 编写零部件序号及明细表。

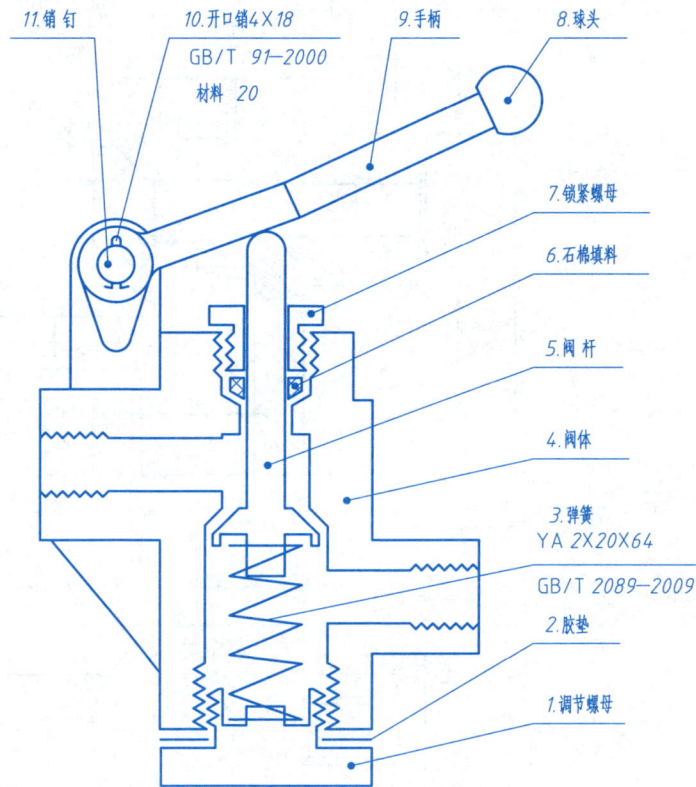

11.销钉

10.开口销4×18
GB/T 91—2000
材料 20

9.手柄

8.球头

7.锁紧螺母

6.石棉填料

5.阀杆

4.阀体

3.弹簧
YA 2×20×64
GB/T 2089—2009

2.胶垫

1.调节螺母

立体图

班级   学号   姓名

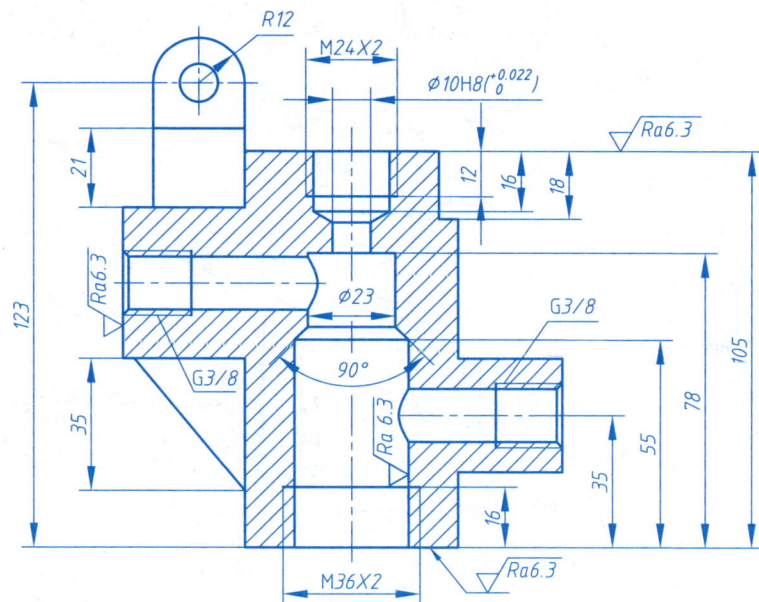

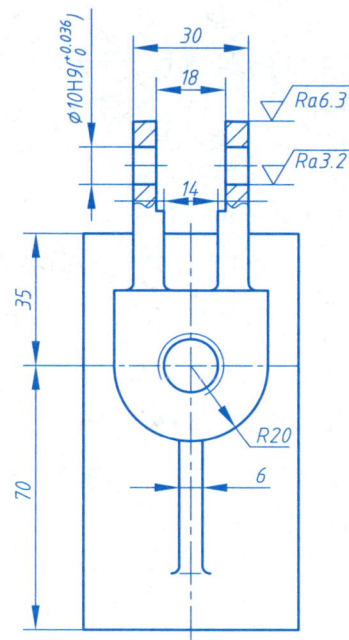

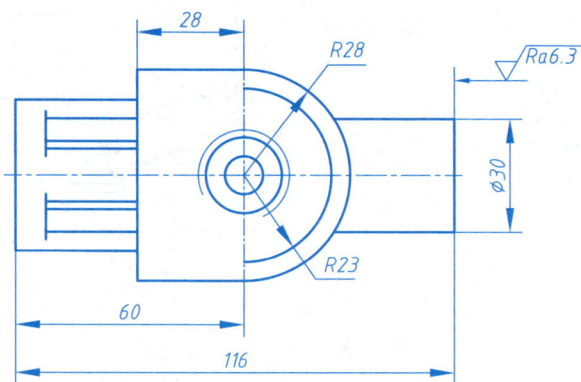

R12
M24X2
Ø10H8($^{+0.022}_{0}$)
Ra6.3
21
12
16
18
123
Ra6.3
Ø23
G3/8
G3/8
90°
35
Ra 6.3
105
78
55
35
16
M36X2
Ra6.3

Ø10H9r($^{+0.036}_{0}$)
30
18
Ra6.3
Ra3.2
14
35
70
R20
6

28
R28
Ra6.3
R23
Ø30
60
116

技术要求
1. 铸件应做时效处理。
2. 未注圆角 R2～R3。
3. 未注倒角 C1。

阀 体	1	HT150
名 称	件 数	材 料

　　班级　　　学号　　　姓名

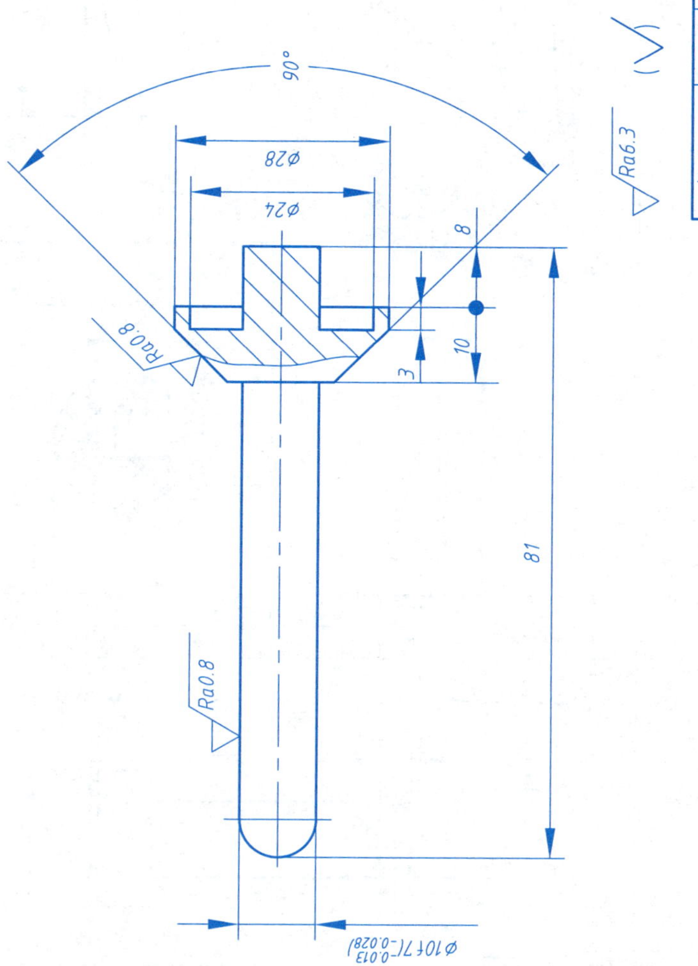

左图

$\sqrt{Ra6.3}$

$(\sqrt{})$

90°

∅28

∅24

8

10

3

Ra0.8

81

Ra0.8

∅10f7($^{-0.013}_{-0.028}$)

阀杆	1	45
名称	件数	材料

右图

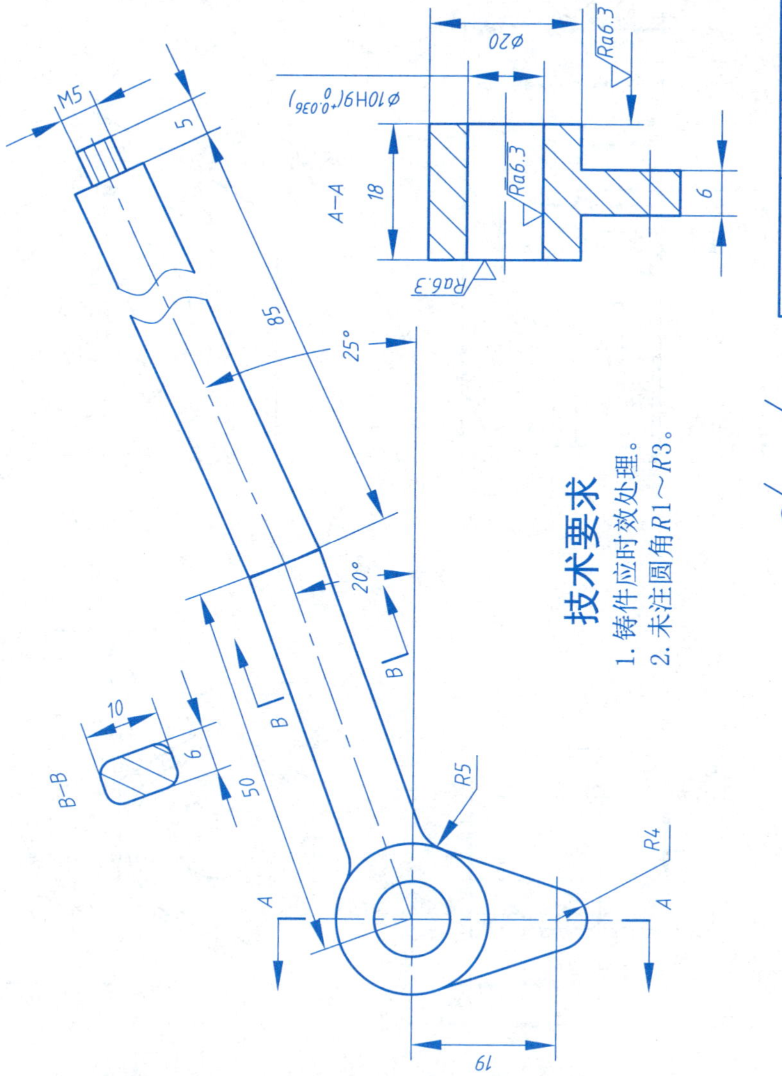

M5

5

85

25°

20°

A—A

18

∅10H9($^{+0.036}_{0}$)

∅20

$\sqrt{Ra6.3}$

Ra6.3

Ra6.3

6

Ra6.3

B

B

B—B

10

6

50

A

A

R5

R4

19

技术要求

1. 铸件应时效处理。
2. 未注圆角R1～R3。

$(\sqrt{})$

手柄	1	HT150
名称	件数	材料

10-2 续（3）

技术要求
1. 有效圈数 $n=6$。
2. 总圈数 $n=8$。

√Ra6.3

弹簧	1	60CrVA
名称	件数	材料

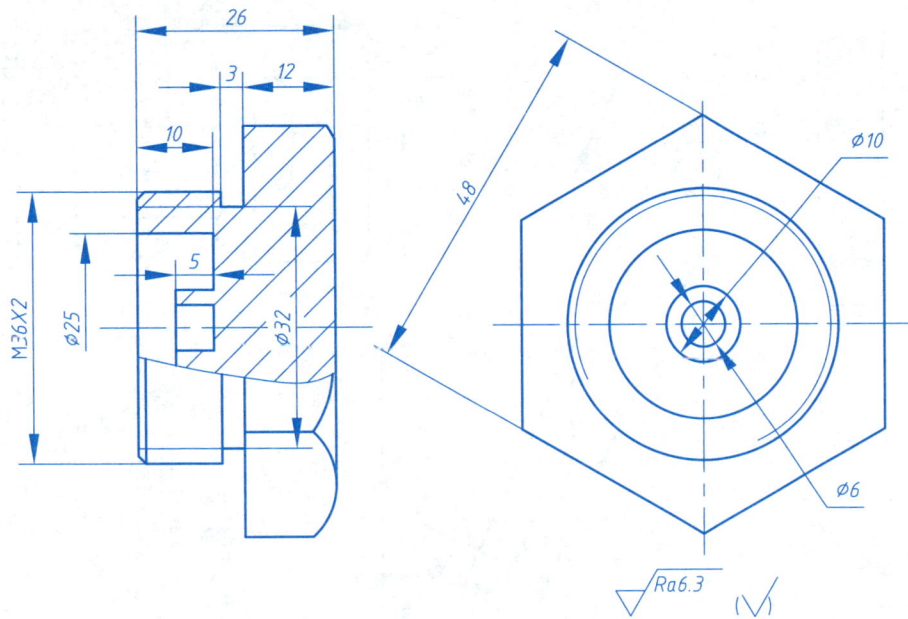

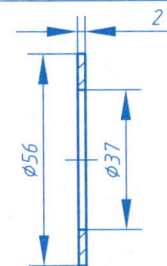

调节螺母	1	Q235A
名称	件数	材料

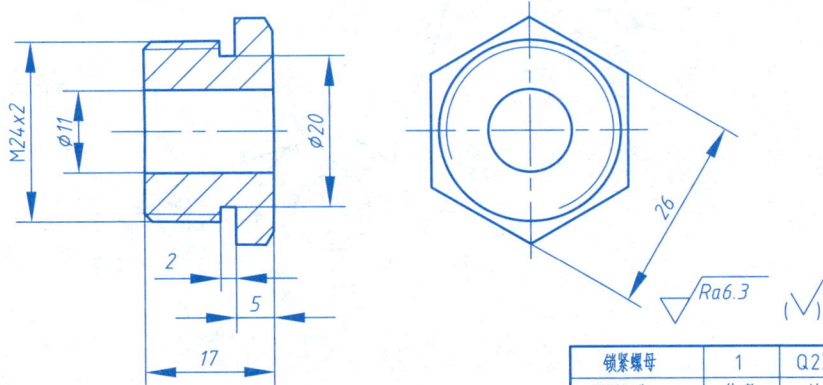

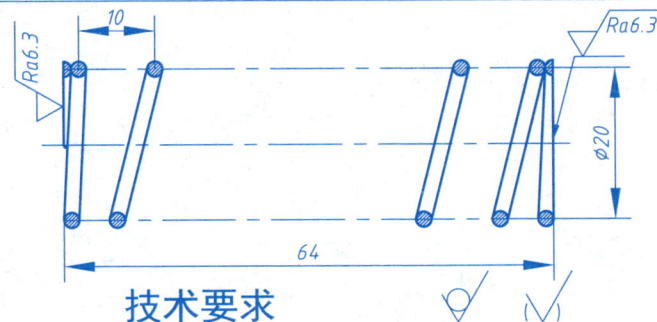

胶垫	1	橡胶
名称	件数	材料

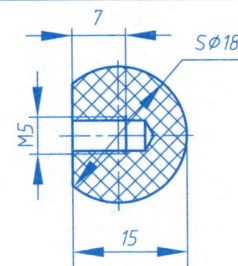

球头	1	胶木
名称	件数	材料

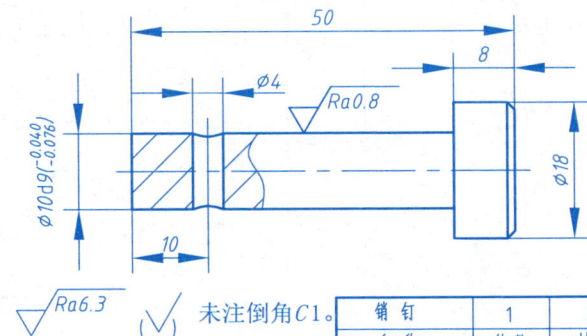

锁紧螺母	1	Q235A
名称	件数	材料

未注倒角C1。

销钉	1	20
名称	件数	材料

班级   学号   姓名

10-3　画回油阀装配图。

根据回油阀的工作原理和装配示意图，以及构成回油阀各零件的零件图绘制其装配图。

1. 工作原理

回油阀是装在柴油发动机供油管路中的一个部件，用以使剩余的柴油回到油箱中。

正常工作时，柴油从阀体1右端孔流入，从下端孔流出。当主油路获得过量的油时，油压升高，高压油克服弹簧5的压力向上顶起阀门2，过量的油就从阀门2开启后的缝隙流出，从左端管道流回油箱。阀门2的启闭由弹簧5控制。弹簧压力的大小由螺杆7调节。阀帽8用以保护螺杆，使其免受损伤或触动。

2. 要求

（1）装配图的视图选择适当，要清楚表达回油阀的工作原理、各零件安装连接关系及主体外形特征。

（2）标注必要的尺寸，包括性能尺寸、装配尺寸、安装尺寸、外形尺寸。

（3）编写零部件序号及明细表。

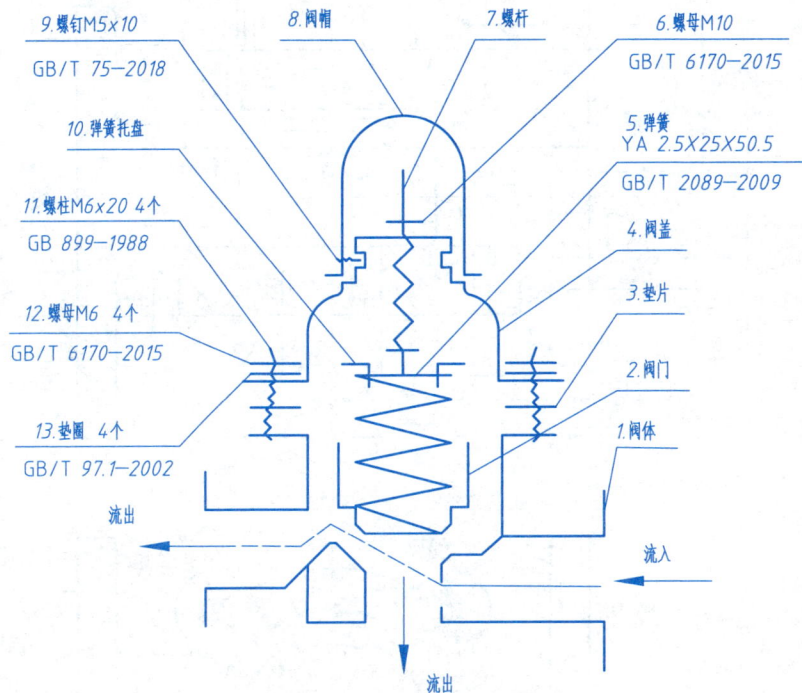

9. 螺钉M5×10
GB/T 75-2018

8. 阀帽

7. 螺杆

6. 螺母M10
GB/T 6170-2015

10. 弹簧托盘

5. 弹簧
YA 2.5X25X50.5
GB/T 2089-2009

11. 螺柱M6×20 4个
GB 899-1988

4. 阀盖

12. 螺母M6 4个
GB/T 6170-2015

3. 垫片

2. 阀门

13. 垫圈 4个
GB/T 97.1-2002

1. 阀体

流出

流入

流出

立体图

　班级　　　学号　　　姓名

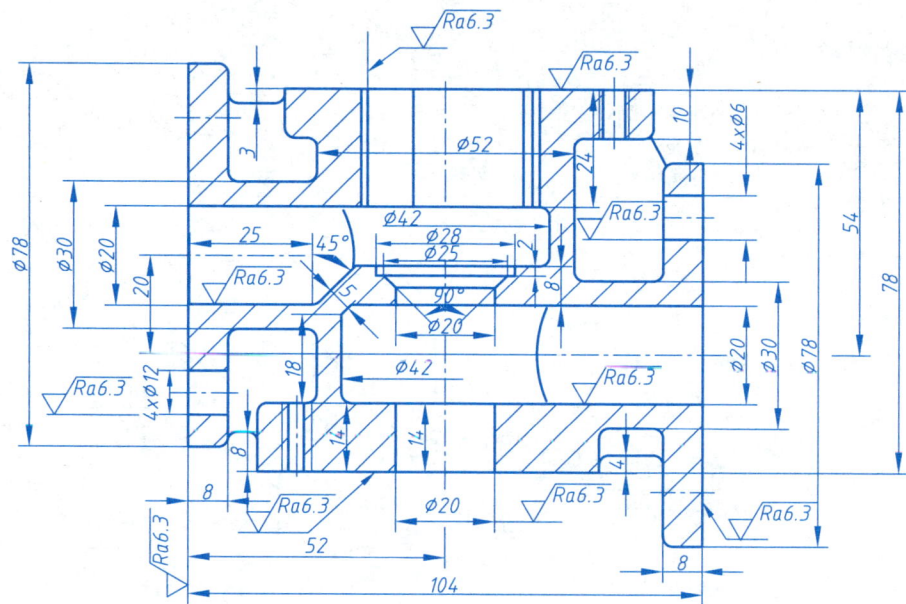

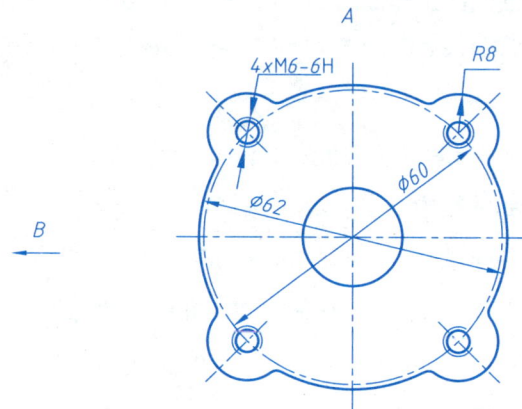

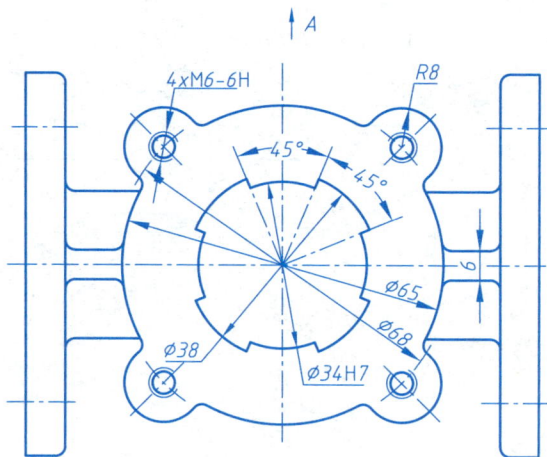

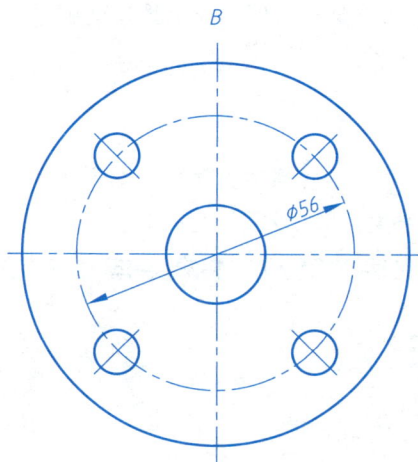

技术要求
未注圆角R2。

阀 体	1	ZL101
名 称	件 数	材 料

班级　　学号　　姓名

$\phi25$ $\sqrt{Ra\,12.5}$
$\phi20$ $\sqrt{Ra\,12.5}$
M10-6H
$\sqrt{Ra\,12.5}$
$\sqrt{Ra\,12.5}$
$\sqrt{Ra\,12.5}$
4
4
4
12
R10
R5
46
26
10
$\phi40$
$\sqrt{Ra\,12.5}$

6×6
M10-6h $\sqrt{Ra\,6.3}$
$\phi8$
$\phi5$
C1
120°
8
8
58
$\sqrt{Ra\,12.5}$ $(\sqrt{})$

螺杆	1	35
名称	件数	材料

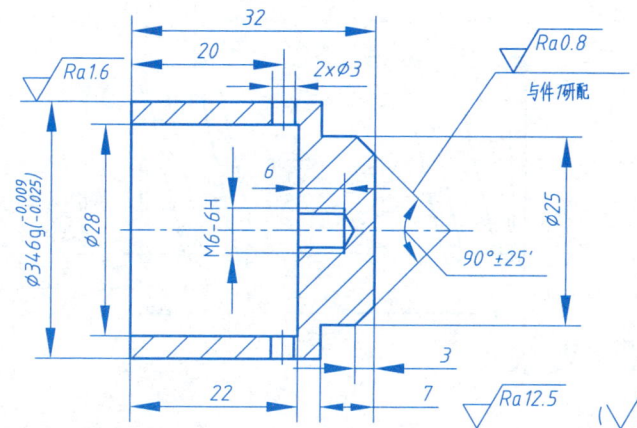

$\phi68$
$\phi50$
$\phi36$
$\phi65$
4×ϕ7EQS
$\sqcup\!\sqcap\ \phi12$
R8
$\nabla\!\nabla$ $(\sqrt{})$

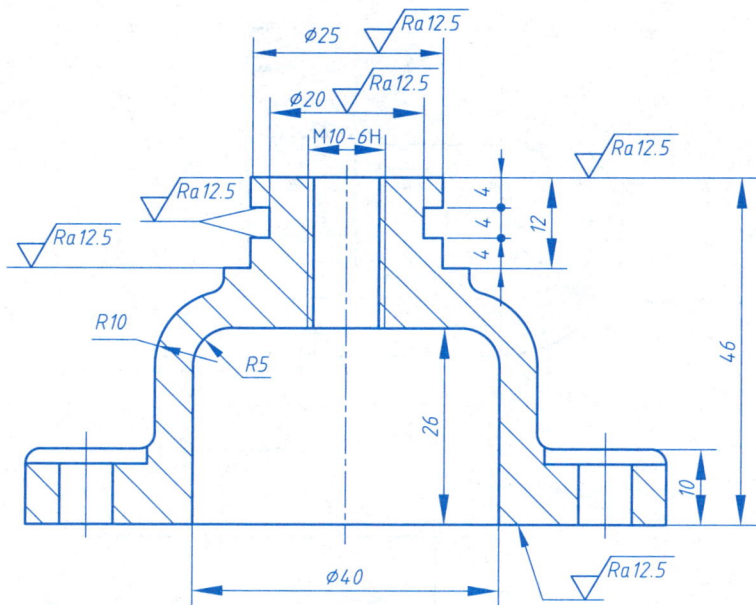

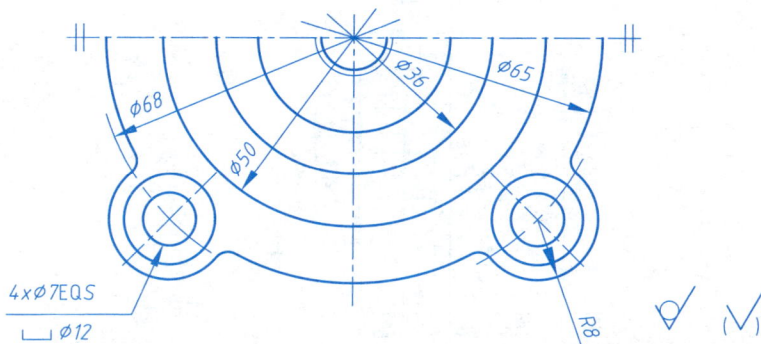

技术要求
未注圆角R2。

阀盖	1	ZL101
名称	件数	材料

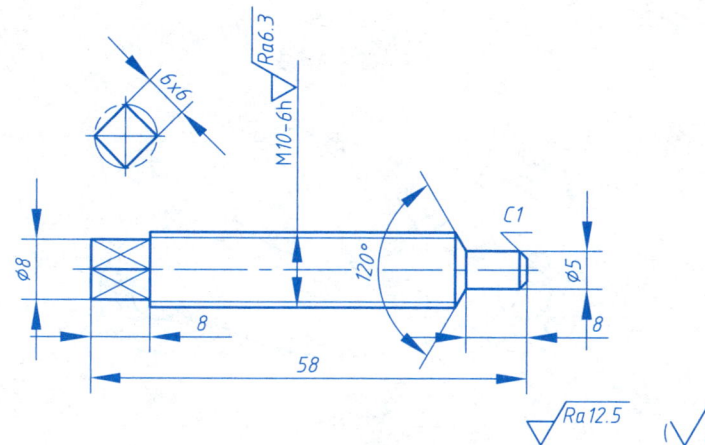

32
20
2×$\phi3$
$\sqrt{Ra\,1.6}$
$\sqrt{Ra\,0.8}$
与件1研配
$\phi34\,6g\binom{-0.009}{-0.025}$
$\phi28$
M6-6H
6
$\phi25$
90°±25′
22
3
7
$\sqrt{Ra\,12.5}$ $(\sqrt{})$

阀门	1	H62
名称	件数	材料

10-3 续（3）

$\phi68$　$\phi40$　$\phi65$　t2

R8

4×$\phi7$
EQS

R2

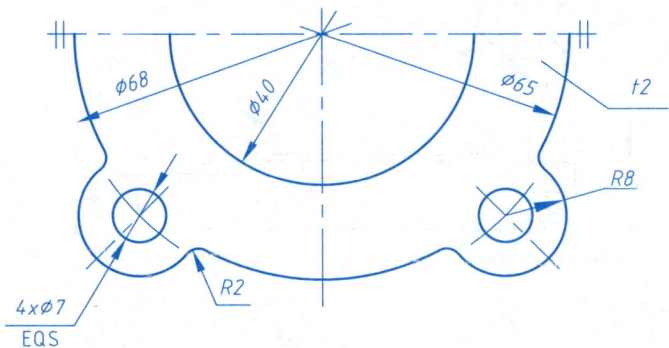

垫　片	1	纸板
名　称	件数	材料

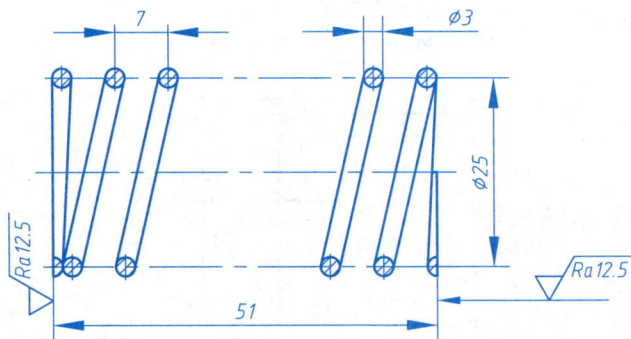

SR16　34　15　C1

Ra6.3

$\phi26$　$\phi36$

M5-6H

SR12

R3　6

12

√Ra12.5　(√)

阀　帽	1	ZL101
名　称	件数	材料

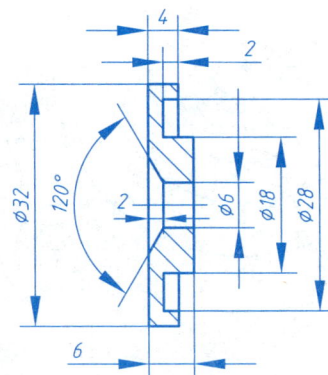

7　$\phi3$

$\phi25$

Ra12.5

51

Ra12.5

技术要求
1. 旋向为左旋。
2. 有效圈数 $n=9$。
3. 总圈数 $n=11$。
4. 发蓝、回火。

弹　簧	1	65Mn
名　称	件数	材料

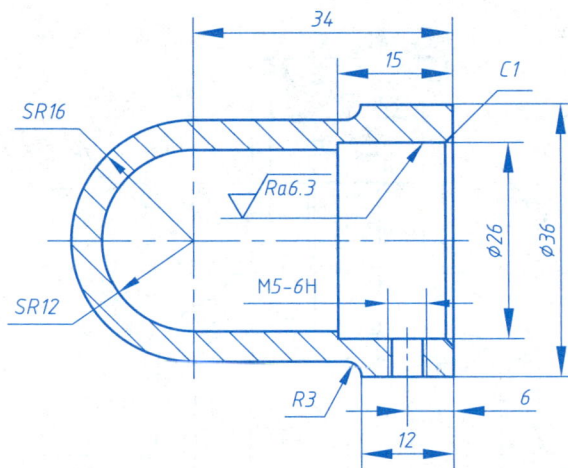

4　2

$\phi32$　120°　2　$\phi6$　$\phi18$　$\phi28$

6

√Ra12.5　(√)

弹簧托盘	1	H62
名　称	件数	材料

　班级　　学号　　姓名

10-4 读机用虎钳装配图。

根据机用虎钳的工作原理和装配图，回答下列问题并拆画指定零件的零件图。

1.工作原理

机用虎钳是安装在工作台上，用来夹紧被加工零件的一种常用夹具。

装在钳座内的丝杠1只能绕轴线转动，而不能轴向移动。当用扳手转动丝杠1时，丝杠通过Tr14×3梯形螺纹带动丝杠螺母7，使活动钳身5沿钳座3做直线运动。丝杠螺母7与活动钳身5用压紧螺钉6连成一体。活动钳身5的运动使活动钳身上的钳口板4靠近或离开，以夹紧或松开要加工的零件。

2.填空回答下列问题

(1) 机用虎钳由＿＿＿种零件组成，有＿＿＿个标准件。

(2) 主视图采用了 ＿＿＿＿＿＿＿＿表达方法，俯视图采用了＿＿＿＿＿表达方法，左视图采用了＿＿＿＿＿表达方法。此外，还采用了＿＿＿＿＿＿＿＿表达方法。

(3) 活动钳身5靠＿＿＿＿＿与丝杠螺母7连接在一起。转动丝杠1可带动＿＿＿＿＿移动，从而使活动钳身5做往复直线运动。

(4) 丝杠1和套筒10用＿＿＿＿＿＿连接。钳口板4与钳座3用＿＿＿＿＿连接。

(5) 钳座的安装尺寸为＿＿＿＿＿＿。钳口板固定在钳座中的安装尺寸为 ＿＿＿＿＿。

(6) 机用虎钳的最大调整量为 ＿＿＿＿＿。

(7) 装配体的总长为＿＿＿＿，总高为＿＿＿。

(8) 主视图中$\phi 14^{H8}_{f7}$是＿＿＿＿＿和＿＿＿＿的配合尺寸。其配合制为＿＿＿＿＿＿＿，配合种类为＿＿＿＿＿配合。$\phi 14$是＿＿＿＿＿＿＿尺寸，H8为＿＿＿＿＿＿代号，f是＿＿＿＿＿＿代号，由公差带代号可知，＿＿＿的＿＿＿偏差为零。

(9) 零件5为＿＿＿＿＿＿，材料为＿＿＿＿＿＿，根据装配图和工作原理，拆画该零件的零件图。

班级　　　学号　　　姓名

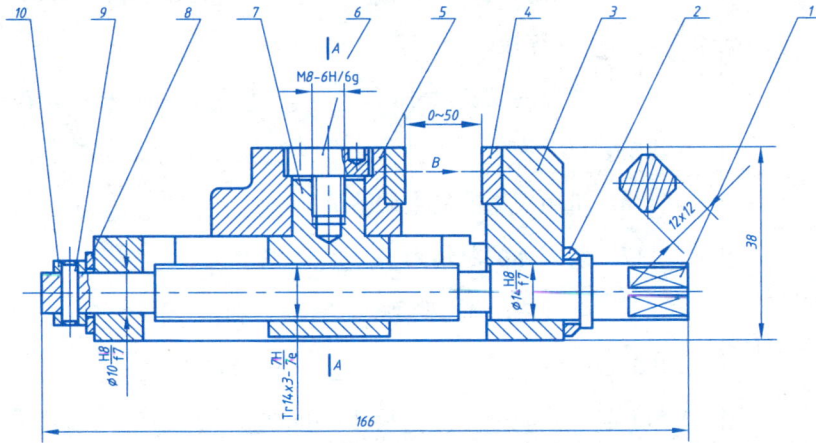

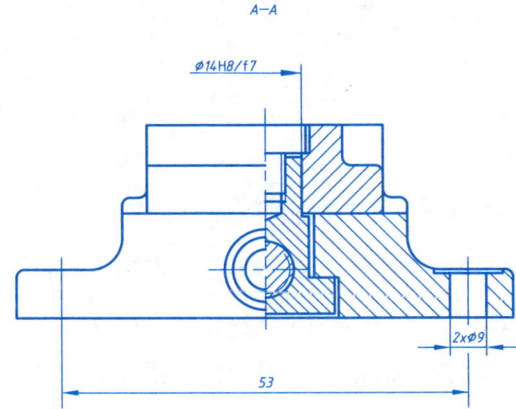

A—A

$\phi14H8/f7$

2×ϕ9

53

立体图

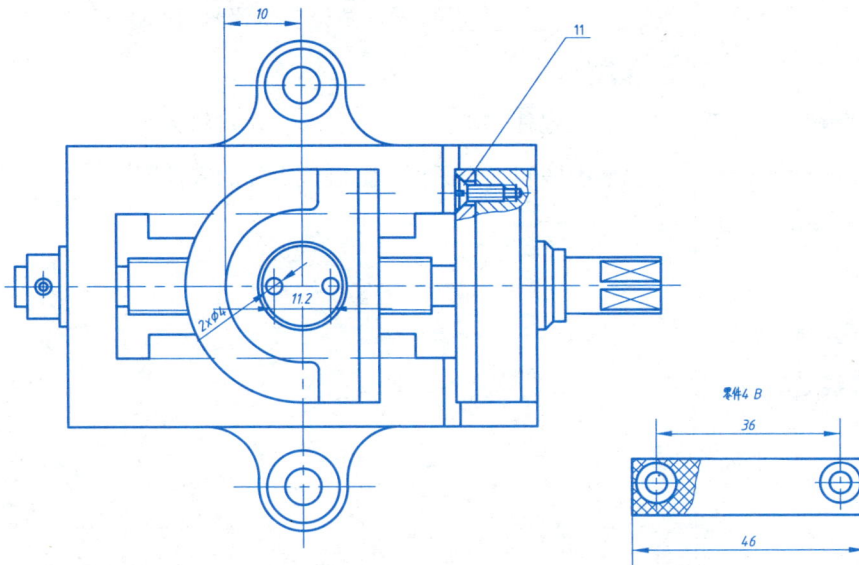

零件4 B

36

46

11	螺钉M4×12	4		GB/T 68—2016
10	套筒	1	Q235-A	
9	销A4×16	1		GB/T 119.1—2000
8	垫圈10-140HV	1		GB/T 97.1—2002
7	丝杠螺母	1	HT200	
6	压紧螺钉	1	Q235-A	
5	活动钳身	1	HT200	
4	钳口板	2	45	
3	钳座	1	HT200	
2	垫圈	1	Q235-A	
1	丝杠	1	35	
序号	名　称	数量	材　料	备　注

机用虎钳

比例	
图号	

制图			
审核			

10-4 续（2）

		图号		质量(kg)	
		材料		比例	
制图					
审核					

10-5 读双向开关装配图。

根据双向开关的工作原理和装配图，回答下列问题并拆画指定零件的零件图。

1. 工作原理

双向开关是控制液体流动方向的一种阀门。装配图所示状态为进口与两个出口相通。当手柄6顺时针旋转90°时，进口只与正面出口相通；再顺时针旋转90°时，出口完全关闭；若再顺时针旋转90°，进口与左边出口相通；继续顺时针旋转90°则恢复原状。压簧10能使旋塞杆11的头部十字体始终插在旋塞12的十字槽中。

2. 填空回答下列问题

(1) 零件9的名称为＿＿＿＿＿＿，所用材料为＿＿＿＿＿＿ 。

(2) 主视图采用了 ＿＿＿＿＿＿＿＿＿表达方法，俯视图采用了＿＿＿＿＿＿＿＿＿＿＿表达方法，此外，还采用了＿＿＿＿＿＿＿表达方法。

(3) 要拆去零件6，需先拆去＿＿＿＿＿＿＿ 。

(4) 若在图示位置顺时针旋转手柄270°，则此时进口与＿＿＿＿相通。

(5) 零件10的作用是 ＿＿＿＿＿＿＿＿＿＿＿＿＿＿ 。

(6) 双向开关的安装尺寸为＿＿＿＿＿＿＿＿＿ 。

(7) 图中$\phi 10 \frac{H10}{e9}$为＿＿＿＿＿＿和＿＿＿＿＿＿的装配尺寸，其配合制是＿＿＿＿，配合种类是＿＿＿＿。$\phi 10$为＿＿＿＿＿＿，e9为＿＿＿＿＿＿＿＿ 。

(8) 拆画零件1和零件7的零件图。

班级　　　学号　　　姓名

10-5 续（1）

A—A

B—B

G1/2

出口

G1/2

出口

零件6 C

序号	名 称	数量	材 料	备 注
12	阀塞	1	ZCuZn38	
11	阀塞杆	1	ZCuZn38	
10	压簧3.5×16×3.5	1	碳素弹簧钢丝	
9	阀盖	1	ZCuZn38	
8	垫圈	1	Q235-A	
7	手柄	1	H62	
6	螺母	1	Q235-A	
5	垫片	1	H62	
4	衬垫	1	Q235-A	
3	垫片	1	工业用纸	
2	垫片	1	工业用纸	
1	阀体	1	ZCuZn38	

双向开关

比例

图号

制图

审核

6

7

8

9

10

11

12

5

4

3

2

1

$\phi 10 \frac{H10}{e9}$

M8

C

M45×2-6h

$\frac{6H}{6h}$

A

A

B

B

$\phi 12$

$\phi 12$

入口

G3/4

120

1:1

4×$\phi 11$

沉孔

52

52

M24×1.5-6H

零件4、5、6号零件

·133· 班级 学号 姓名

班级　　　　学号　　　　姓名

10-6　读柱塞泵装配图。

根据柱塞泵的工作原理和装配图，回答下列问题并拆画指定零件的零件图。

1. 工作原理

柱塞泵是通过柱塞往复运动，将常压油变成高压油并输出的装置。

动力经皮带轮10带动曲轴5转动，曲轴带动柱塞13在控制盘14的孔内做往复运动。在A—A剖视图中柱塞处于最低位置，当曲轴绕顺时针方向转动时，柱塞向上移动，孔内容积由大变小，油压升高，此时控制盘向右（顺时针方向）摆动，与右侧G3/8A螺孔接通，油被压出。当柱塞移动到最高位置时，控制盘摆回中间位置，截断出油孔中的油，曲轴继续转动，柱塞开始向下移动，孔内容积由小变大，产生真空（负压），此时控制盘向左（逆时针方向）摆动，与左侧G3/8A螺孔接通，油被吸入。若改变曲轴旋转方向，进出油口也随之改变。

2. 填空回答下列问题

(1) 该装配图名称为_____，图中共有_____种零件，_____个标准件。

(2) 零件4的名称为_____，所用材料为_____。

(3) 由柱塞泵的工作原理可知，在A—A剖视图中柱塞处于最低位置时，若顺时针转动曲轴，则出油口是_____侧（左、右）螺孔。

(4) 通过哪些零件将零件10固定在零件5曲轴上？

(5) 零件1盖板和零件4泵体是通过_____来固定的。由此可知，零件1盖板上应有_____个沉孔。

(6) 零件6的作用是_____。零件11和零件12的作用是_____。

(7) 柱塞泵的安装尺寸为_____。柱塞泵的总体尺寸为_____。

(8) 装配图中$\phi 60\frac{H8}{f7}$为序号_____和序号_____两个零件的装配尺寸，其配合制是_____，配合种类是_____。$\phi 60$为_____，H8为_____。

(9) 拆画零件5曲轴的零件图。

班级　　　　学号　　　　姓名

10-6 续（1）

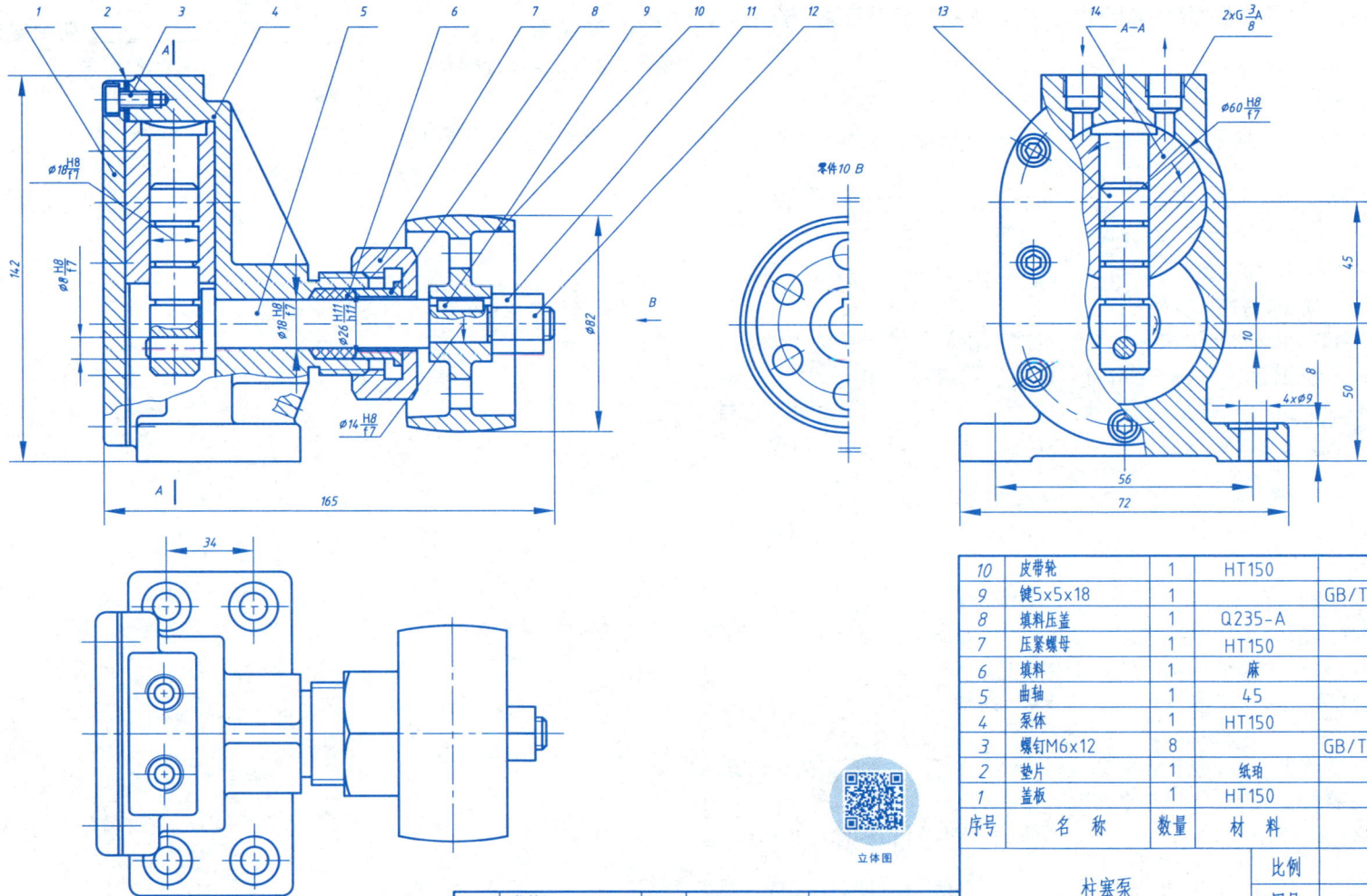

零件10 B

立体图

10	皮带轮	1	HT150	
9	键5×5×18	1		GB/T 1096—2003
8	填料压盖	1	Q235-A	
7	压紧螺母	1	HT150	
6	填料	1	麻	
5	曲轴	1	45	
4	泵体	1	HT150	
3	螺钉M6×12	8		GB/T 70—2015
2	垫片	1	纸珀	
1	盖板	1	HT150	
序号	名　称	数量	材　料	备　注

柱塞泵			比例	
			图号	
制图				
审核				

14	控制盘	1	QSn4-3	
13	柱塞	1	45	
12	螺母M12	1		GB/T 6170—2015
11	螺母M12	1		GB/T 6170—2015

班级　　　　学号　　　　姓名

10-6 续（2）

班级　　　学号　　　姓名

10-7　读微动机构装配图。

　　根据微动机构的工作原理和装配图，回答下列问题并拆画指定零件的零件图。

　1. 工作原理

　　微动机构是氩弧焊机的微调装置，焊枪固定在导杆12右端的螺孔处。螺杆6和手轮组合件1用螺钉2固定在一起。当转动手轮组合件1时，带动螺杆6转动，使导杆12在导套9中做轴向往复移动，对焊枪位置进行微调。键11在导套9的槽内用于导向，轴套5用于支承和定位螺杆6。

　2. 填空回答下列问题

　（1）该装配图中共有_____种零件，_____种标准件。

　（2）零件12的名称为_____，所用材料为_____。

　（3）主视图采用了_____、_____表达方法，$B-B$视图采用了_____表达方法。

　（4）要拆除零件1，需先拆除 _____。

　（5）零件5和零件9是由_____来固定的。

　（6）零件5的作用是_____。

　（7）微动机构的安装尺寸为_____。

　（8）装配图中$\phi 20^{H8}_{f7}$为_____和_____的装配尺寸，配合制是_____，配合种类是_____。

　　$\phi 20$为_____，H8为_____ 。由H可知$\phi 20H8$对应的极限偏差中，_____偏差为零。

　（9）根据装配图拆画零件6和零件8的零件图。

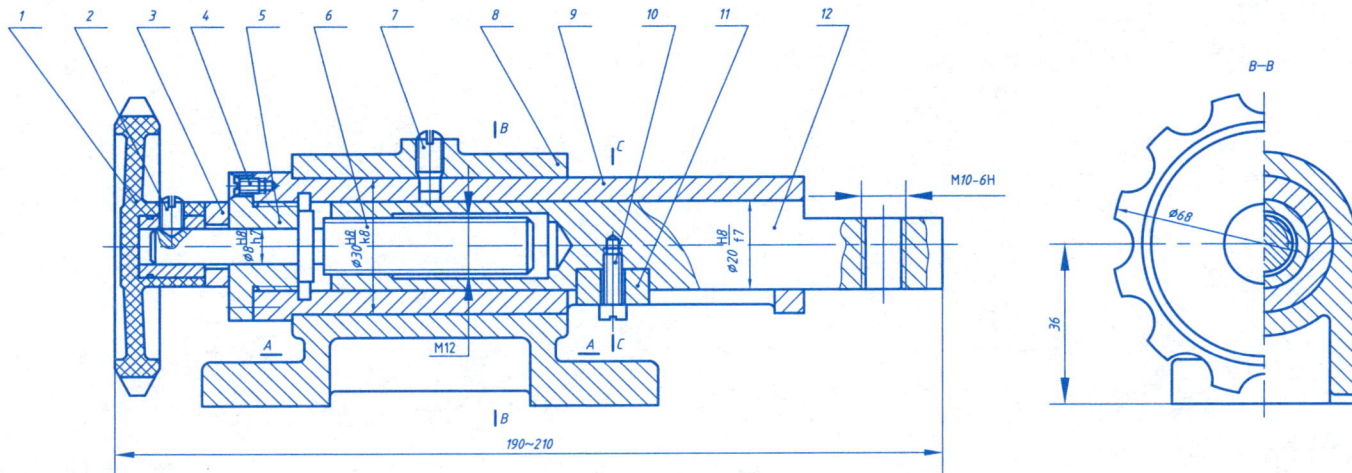

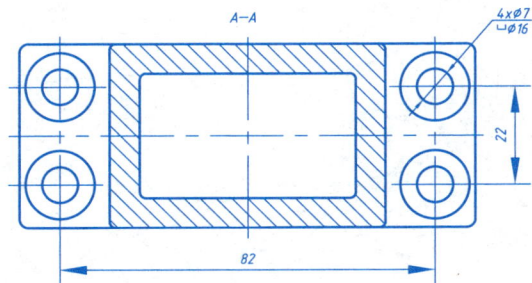

12	导杆	1	45	
11	键8x16	1	45	
10	螺钉M3x12	1		GB/T 65—2016
9	导套	1	45	
8	支座	1	HT200	
7	螺钉M6x14x4	1		GB/T 829—1988
6	螺杆	1	45	
5	轴套	1	45	
4	螺钉M3x8	1		GB/T 819—2016
3	垫圈	1	Q235-A	
2	螺钉M5x8	1		GB/T 71—2018
1	手轮组合件	1		
序号	名　称	数量	材　料	备　注

微动机构	比例	
	图号	
制图		
审核		

立体图

班级　　　　学号　　　　姓名

10-7 续（2）

· 班级　　　学号　　　姓名

参 考 文 献

[1] 赵增慧. 工程制图习题集[M]. 2版. 北京：中国石化出版社, 2012.

[2] 薛颂菊. 工程制图习题集[M]. 北京：清华大学出版社, 2012.

[3] 杨惠英, 冯娟, 王玉坤. 机械制图习题集[M]. 3版. 北京：清华大学出版社, 2015.

[4] 张京英, 张辉, 焦永和. 机械制图习题集[M]. 3版. 北京：北京理工大学出版社, 2013.

[5] 大连理工大学工程图学教研室. 机械制图习题集[M]. 6版. 北京：高等教育出版社, 2013.

[6] 郭葆春, 宁旺云, 陶冶. 机械制图与计算机绘图习题集[M]. 北京：中国农业大学出版社, 2004.

[7] 汤柳堤, 蒋春芳. 机械制图组合体图库[M]. 北京：机械工业出版社, 2012.

[8] 林晓新, 姜蕙. 工程制图习题解[M]. 北京：机械工业出版社, 2003.

[9] 李文冶, 唐慧琴, 蒋丹. 现代机械工程图学习题集[M]. 北京：高等教育出版社, 1999.

[10] 王丽洁, 吴佩年. 画法几何及机械制图习题集[M]. 哈尔滨：哈尔滨工业大学出版社, 1998.